张 辉 著

故宫出版社

明式家具器型研究（下）

Zhang Hui

A Study of Ming-style
Furniture Shapes

The Forbidden City Publishing House

第五章 椅凳类

一、交椅式

交椅可分为椅圈型和直搭脑型。

（一）椅圈型

1. 黄花梨螭龙纹交椅

黄花梨螭龙纹交椅（图250）椅圈五接，靠背板开光中雕螭龙纹，左右螭龙纹（图250-1）相对，中间为螭尾纹的变体，变异严重，其上增衍出花苞纹。这是清早期各类椅子靠背板上常见的子母螭龙纹范式。靠背板上变形的螭头螭身与初期螭龙形态已相去甚远，达到了高度的简化。

在前梃左右两侧，各有螭龙纹，其中间为螭尾纹。螭龙纹各自身后，又显露出一点点草叶状的螭龙尾端。完整的螭龙纹和螭尾纹（小螭龙尾部）构成子母螭龙纹题材。

全身构件各接榫点包以白铜。

图 250-1　黄花梨交椅
靠背板上的螭龙纹

图 250　清早期　黄花梨螭龙纹交椅
长 73 厘米　宽 49 厘米　高 100 厘米
（选自北京市文物局：《北京文物精粹大系》家具卷，北京出版社）

交椅是古时一种可以折叠的轻便坐具，由来已久。四川省广元市宋墓出土石雕上的"肩负交椅男侍者"（图251）和江西省乐平市宋墓壁画中人物像上都有交椅形象（图252）。

宋元古画中也有此类家具，如南宋《蕉荫击球图》中的交椅（图253）。宋代交椅相对简陋，但结构与明式家具的交椅基本一致。

一些业界人士念交椅存在久远，加之其貌古奇不同凡响，认为黄花梨交椅年份远早于其他黄花梨家具，甚至早年有鉴藏家认为它的年份可远至元代。

柴木交椅存在久矣，但这并不意味着今世所见的黄花梨交椅年份也那样古老。今日可见之黄花梨交椅均为清早期及其以后之物。

在明式家具各类椅具中，交椅是最娇嫩脆弱的一款，是一种最难长久保留、流传的用具。它最为短寿，故存世稀少。其短寿之因是：

1. 其结构上缺乏大的横竖构件支撑，自身本不坚固，所以常以铁件、铜件加固交接处。"后腿和弯转的部分，不论榫卯造得如何紧密，是不可能承重得好的"。[1]

（中国国家博物馆藏）

图251 宋墓出土石雕上的肩负交椅男侍者

图252 宋墓壁画中的交椅

（选自江西省文物考古研究所：《江西乐平宋代壁画墓》，《文物》1990年第3期）

---

1 王世襄：《明式家具研究》文字篇，页42，三联书店香港有限公司，1989年。

图 253 宋 《蕉荫击球图》中的交椅
（故宫博物院藏）

2.交椅作为经常外出携带的折叠家具，搬来搬去，易损易折。

3.这种折叠用具的居家实用性差，在后世家用中，容易被闲置而失修失护。

美国某博物馆曾展览一把交椅，并允许参观者亲身试坐。一日，一位肥胖的观众兴致勃勃地上前一试，只听得轰然声响，交椅应声破碎倒地，最后只好由技师们为其重塑金身。

悠悠几百年来，不知有多少个"莽汉"亲近过多少交椅并毁掉它们。这段趣事恰好说明如此易毁的家具，不可能是想象中那么久远的遗存。再者，黄花梨交椅不应独自早于其他黄花梨家具。

可能有人认为交椅上的铁錽银、铜錽银饰件有别于其他家具，这是年份久远之据。实际上，至清中期，铁錽银、铜錽银工艺都一直存在。

清代《养心殿造办处各作成做活计档》记载，雍正元年二月曾制作"包錽银饰件紫檀木边楠木心桌""包錽银饰件花梨木边楠木心桌三张"[1] 清乾隆十四年《工部则例》中还明文规定了"錽作用料则例"和"錽作用工则例"。这说明铁錽金（银）工艺在乾隆时期一直使用。

1　朱家溍：《故宫退食录》页167，北京出版社，1999年。

图 254　明午荣 《鲁班经匠家镜》版画插图中的　　图 255　明万历 《南柯梦》版画插图中的交椅
交椅

　　铁鋄金（银）主要是在铁胎上錾出横竖斜线网纹图案，称为"发路"。再将金箔（或银箔）锤嵌在网纹内，称为"鋄罩"。再用火烤铁片，用砑子碾平，称为"烧砑"。后续还有"钩花""点漆"等工艺程序。

　　众多铁件上铁鋄银的花纹为缠枝莲纹，唐宋时期缠枝莲纹就出现于其他工艺品上，但其进入明式家具较晚，在清早中期使用于明式家具上。清早中期，明式家具进入纹饰的兼收并蓄时期后，缠枝莲纹才被吸纳。

　　交椅大量部件交接处以铁鋄银工艺装饰并加固，质感和色彩悦人心目，益显其奇特高贵。金属饰件不惜工本，可以说明主人的身份、财力及对华美效果的追求。

　　从实物上看，有纹饰的明式家具椅子的年代基本不早于清早期。交椅的前梃上、三段式靠背板上、前腿前曲角牙上的纹饰都支持这种结论。

　　除旅行携带外，交椅更多是在户内使用。明代刻本《鲁班经匠家镜》版画插图中的交椅（图 254）显示陈置在在厅堂的中心位置上，为身份证明。

　　但是，明代万历《南柯梦》版画插图中的交椅（图 255），由书生坐之，可见日常亦可使用之。同时也说明，交椅是多用途的，正如大多数明式家具都是通用性的。

图256 清乾隆 郎世宁《弘历雪景行乐图》中的交椅

（故宫博物院藏）

　　历史上最尊贵的交椅图像出自清代郎世宁之手,他所绘《弘历雪景行乐图》(图256)中,乾隆帝在户外赏雪,端坐在黑漆髹金龙头扶手交椅上。黑漆髹金龙头扶手交椅（图257）的实物尚在故宫博物院,靠背板正面为苍龙教子图,背面为五岳真形图（257-1）。同器型相近者还有红漆髹金龙头扶手交椅。黑漆髹金龙头扶手交椅在沈阳故宫也有收藏。可见,这是当时多有制作的大漆家具款式。

　　但是,反过来看,在黄花梨家具中,无一款扶手为龙头、靠背雕云龙纹的交椅。所以说,大漆家具与明式家具形态有时形态差异很大,它们属于两个子文化系统,呈不同的发展面貌。

图 257　清中期　黑漆髹金龙头扶手交椅

长 92.5 厘米　宽 74.5 厘米　高 99 厘米

（故宫博物院藏）

图 257-1　黑漆交椅靠背板背面的五岳真形图

2. 黄花梨麒麟纹交椅

黄花梨麒麟纹交椅（图258、图258-1、图258-2）可称是华美有加。三段靠背板上，上段雕螭龙体寿字纹，将文字与拐子螭龙纹精妙合一，看上去是寿字，又暗含着螭龙之形。

中段上的图案最为出色动人，上方祥云朵朵，像被风吹拂，方向一致，充满韵律感。无论抽象画还是具象画，能以韵律统辖纷杂的画面已难，在木雕上表现出韵律感更为可贵。

图 **258** 清早中期 黄花梨麒麟纹交椅

长 63.5 厘米 宽 40 厘米 高 100 厘米

（北京保利国际拍卖有限公司，2018 年秋季）

靠背板中段上雕麒麟纹（图258-3）。麒麟为传说中的瑞兽，相貌融合了龙首、马身、马蹄、蛇麟、牛尾。黄花梨家具中，雕麒麟者多矣，遍观之，形象无出本椅麒麟之右者。其凛然回首，姿态矫健，怒目巨口，鬃毛飞扬。身躯如宝驹，颀长而饱满，形神之胜令人叫绝。今日仿古家具制作如火如荼，如需麒麟之纹，当以此为首选范本。

其下端为洞石瑞草，一朵灵芝纹反向而来，恰恰完成了一个平衡的底座构图。

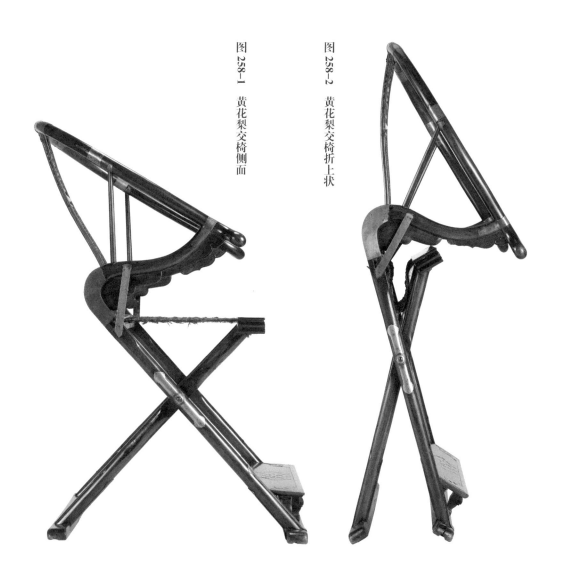

图 258-1　黄花梨交椅侧面

图 258-2　黄花梨交椅折上状

黄花梨交椅历来可贵，其原因有文学典故的强悍传说，又有宋之风范的渊源，复加实物资源的稀缺。但是，它能够让各大藏家翘首以盼、竞相追逐，其自身须有不可取代的独特魅力。其魅力何在？

　　在明式家具中，交椅结构独树一帜，全身无任何大型垂直构件，上部椅圈和鹅脖双重三弯，下部 X 型交叉。侧面观看，成"之"字形。所以，全身充满三弯形和流动的线向，婉转婀娜。从 45°角的侧正面观看，尤其感到曲线的动势和优美。

　　交椅不属于"标准"造型，相对于常规家具，似乎它的结构有不合理之处。但是，它的特质恰好在此，作为横平竖直结构家具的对立面出现，不守规则，避免出现直角，通过流动感和斜向设计完成了更丰富的空间变化。在剑走偏锋中，构件相互支撑，在斜敧中找到平衡。交椅以独特的姿态扩展了古典家具的设计模式空间。这朵古典家具中的奇异之花，让人联想到国际建筑界的"女魔头"扎哈·哈迪德的作品。

　　这张交椅卓尔不群，或以为是鹤立鸡群的孤品。但是，在故宫博物院也藏有一件形制、尺寸基本相同的黄花梨交椅。还有陕西历史博物馆也有两把基本相同的黄花梨交椅。即此样式、纹样的交椅共有四把。

图 258-3 黄花梨交椅
靠背板上的麒麟纹

3. 黄花梨螭龙纹交椅

黄花梨螭龙纹交椅（图259）靠背板开光中雕螭龙纹（图259-1），螭龙双头相对，其中间为螭尾纹的变异体。这种程式化纹饰在清早期椅类靠背板中颇为常见。但是，此椅扶手上棋子式的扁圆出头（图259-2）作为一种明确的年代符号，道出了它的年代比前两例交椅更晚。在观察椅子年代时，它有特别重要的标杆意义。

图 259　清早中期　黄花梨螭龙纹交椅

（长 69.5 厘米　宽 47.5 厘米　高 104 厘米）

（故宫博物院藏）

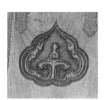

图 259-1　黄花梨交椅
靠背板上的螭龙纹

图 259-2　黄花梨交椅
扶手上的扁圆出头

明式家具椅子中，圆如象棋子的椅子扶手出头是椅子扶手圆出头不断变化的结果，大致出现和流行在清早中期或更晚时候。

　　此种像棋子式圆出头的式样在一些黄花梨圈椅上也常常出现。而那些圈椅一般在其他构件上都有年份偏晚的符号。最迟至清晚期，红木家具上仍多见这种棋子式圆出头形态。

　　江西省广元市宋墓壁画中的交椅扶手出头（见图252）上已有扁圆形态。在上海明万历潘允徵墓中，出土有轿椅冥器（图260）上，其扶手出头也呈扁圆形。这种出头较一般圆出头更加费料，在明式家具初期时，黄花梨椅子未予仿制。而于其晚期，在追求更大观赏面的趋势中，这种原先已存于柴木家具上的形式才在硬木家具上东山再起。所以，对于明万历柴木家具的"亚标准器"的使用，应考虑到硬木家具自身变化历史的复杂性。

图260　明万历　上海潘允徵墓出土的轿椅冥器

高12厘米

（上海文物管理委员会：《上海考古精萃》，上海人民美术出版社）

4. 黄花梨螭龙螭凤纹交椅

黄花梨螭龙螭凤纹交椅（图261）攒框三段式靠背板上，心板落堂，雕变形显著的螭龙螭凤纹（图261-1），多个偏晚的要素共生一体。

图 261 清早中期 黄花梨螭龙螭凤纹交椅

长 69 厘米 宽 46 厘米 高 98 厘米

（原美国加州中国古典家具博物馆藏）

三段靠背板上的纹饰有力地表明制作者追求变化之心，同时也说明其年代偏晚。可以仔细观察其细节：

1.上段雕成"花苞状"，对称花草式的图案实为双螭凤纹演变，其凤之眼睛仍隐约可见，但已离螭凤之原形很远，面目迥异。时光的流逝让它走得如此之遥。

2.中段上三条螭龙在近乎拐子式基础上，有所创变，随形就势，任意而为，呈新奇的面目。三条大小不一的螭龙成横式，拱卫着中间的寿字纹，岁月之刀把它们雕刻得这样奇异。还有，后腿角牙上的螭龙纹为拐子式。扶手为圆棋子式，上面浮雕螭龙纹（图261-2），这些视觉上求变求多的表现，也是年份偏晚的符号。

这把交椅代表着明式家具交椅无限风光中的最后一抹晚霞。在清乾隆《皇朝礼器图式》中，有皇帝大驾卤薄交椅（图262），表现了清中期交椅的样貌。

图261-2 黄花梨交椅扶手上的螭龙纹

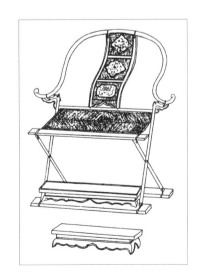

图262 清乾隆《皇朝礼器图式》中的交椅

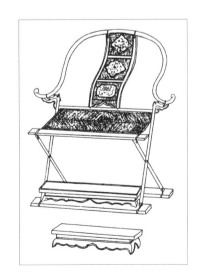

图261-1 黄花梨交椅靠背板上的螭龙螭凤纹

（二）直搭脑型

1. 黄花梨躺椅式交椅

黄花梨躺椅式交椅（图263）搭脑如一般的四出头官帽椅，两头细圆，中间有扁宽之"头枕"。没有椅圈，后腿前伸为前腿，下端接地枨。地枨上有踏床。前梃与后地枨间两腿与后背的长腿呈 X 形交叉（图263-1），状如马扎。

其还有不同的称谓，如单靠背交椅、马扎式交椅、高靠背马扎等。此种黄花梨遗物极少，凤毛麟角。

前后梃间由皮革连接，皮革可以通过挂钩在前腿上的两个小铁圈间作高低调节，也可调节椅面宽窄，故此椅高度和前后宽度有两个尺寸。椅背上以金属铁环安装皮革靠背。

图 263-1　黄花梨交椅前后腿的交叉状

图 263　明末清初　黄花梨躺椅式交椅
长 57.8 厘米　宽 45.1~51.5 厘米　高 81~93 厘米
（北京元亨利艺术馆藏）

图 264　巴塞罗那椅

（仿制品示意图）

　　明式家具中，有脚足呈 X 形的椅子和凳子，分别称为"交椅"和"交杌"（或马扎），它们都是折叠式。无独有偶，1929 年，德国设计师密斯·凡·德罗设计了巴塞罗那世界博览会的德国馆（1989 年原址重建），被尊为现代主义建筑里程碑。一同展出、设计的"巴塞罗那椅"（图 264），同德国馆风格相协调，成为现代主义家具的经典。它用两根弧形钢材交叉焊接组成骨架，其上皮质的坐垫和靠背，通过皮带与金属架结合在一起。巴塞罗那椅轰动一时，也成为 20 世纪最经典的椅子，流行至今，后人竞相仿效，发展成一种设计风格。

　　可能有人会马上会得出结论，巴塞罗那椅是受中国古代交椅的影响设计出来的。或更有引申说，风靡世界的西方现代主义（简约主义）的作品就是受明式家具影响而诞生的。但是，谁能拿出佐证来吗？

　　密斯·凡·德罗是德国包豪斯学校的第三任校长，他和格罗皮乌斯、勒·柯布西耶并称为现代主义的三大旗手和主要代表。由于现代主义的巨大影响，像密斯·凡·德罗这样的大师设计理念之来源早已成为众人关注、研究的课题，至今没有人发现他们与明式家具有任何因果关系。

　　我华常有"古已有之"的习惯，加之"两者相似，便成因果"的思维模式，就导引出一系列虚妄的"历史爱国主义"[1] 结论。如蹴鞠是世界现代足球的祖先；《周易》启发了西方人发明了二进制，进而他们研制出计算机；以孔洞形态处理雕塑的亨利·摩尔是受中国古代赏石的影响等。

　　虽然某些西方现代主义者推崇明式家具，但不足以说明两者早期有历史关联。相似关系当然不是逻辑关系。两者相似不能构成因果，更不是师生关系。

　　与古已有之论相关的是狭隘地以现代主义的简约精神来定义、概括明式家具。其实，它们是天各一方的两个独立的美学系统，任何比附都是蹩脚的。凭想象就将它们联系在一起容易，拿出铁证太难。

1　葛剑雄、周筱赟：《历史学是什么》，北京大学出版社，2015 年。

二、四出头官帽椅式

黄花梨、紫檀家具作为具有奢侈品特性的高端家具最富变化性，其发展规律是继承中伴随着渐变和激变，主流作品的时尚特征与时俱进。

在四出头官帽椅上，形态的大框架稳定，一直沿袭。但是，在发展中，各种小的异变在各个构件上不断地发生着，不时会有"细节符号"的变化，踵事增华，与年月同行。器物打上新时期的烙印，从而成为后人进行器型学排队的依据。包括四出头官帽椅在内的各类家具的细节符号变化是其类型学断代的观察点。

四出头官帽椅大致可分为圆出头型、平切出头型，各自又可再细分。将各类款式分型后，按发展逻辑排列，隐约可见其各自历时性的嬗变。

圆出头搭脑四出头官帽椅的搭脑、扶手出头是浑圆的，俗称"鳝鱼头式"。其下细分为多个类型。实例如下：

（一）圆出头壸门牙板型

1. 黄花梨四出头官帽椅

黄花梨四出头官帽椅（图265）全身光素，搭脑变化平缓微妙。左右出头向上且向后飞扬。扶手下无联帮棍，鹅脖退后安装，座下为壸门牙板券口。管脚枨为"低、高、低"式赶枨。

两椅搭脑、扶手端头圆浑如卵。靠背板、搭脑、扶手、鹅脖均呈S式三弯形，方向不一，曲线恰成纵横、正反对比，起伏弯曲，协调得当。多个曲折有致的线条呈现出委婉的变化气象。

靠背板（图265-1）选材精良，一木双开，花纹如行云流水。靠背板是一件黄花梨椅子品质的考察点，包括它是否一木所开、靠背板密度是否坚密、花纹是否生动。同时，如两椅靠背板花纹不同，非为一木双开，说明选料不够考究。相差极大者，还有可能其中有后配。

侧面牙板牙头一木连做。座盘攒框，裁口镶藤席心，托以棕屉，其下有弯带，这是绝大多数座椅的通行做法。

图265-1 黄花梨四出头官帽椅上的靠背板（一对）

图 265　明晚期 - 清初　黄花梨四出头官帽椅

长 59 厘米　宽 48 厘米　高 113.5 厘米

（北京保利国际拍卖有限公司，2011 年春季）

图 266　明万历　四出头官帽椅

（选自苏州博物馆：《苏州虎丘王锡
爵墓清理纪略》,《文物》1975 年第 3
期）

图 267　明万历　南官帽椅

（选自上海文管会：《上海市卢湾区
明潘氏墓发掘简报》,《考古》1961
年第 8 期）

明式家具中，哪件器物是明代制作，哪件又是清代生产，这是一直撩拨人们心潮的话题。同样，黄花梨各式椅子何者为明制、何者为清制？古家具界尚未有公认的断代标准，留下众说纷纭的探讨空间。

有确切年代的硬木椅子尚无实例，但考古出土的明代冥器和一系列明代刻本版画插图中的椅子，从侧面提供了某些线索。由此,笔者得出结论，无联帮棍的、光素的、古直无任何异变符号的黄花梨椅子多属明代晚期。这一说法的依据是：

1. 明代考古成果。苏州市明万历朝王锡爵墓出土的四出头官帽椅（图 266）、上海市明万历朝潘惠墓出土的南官帽椅（图 267）、潘允徵墓出土的南官帽椅（图 268）等冥器均未见联帮棍，且赶枨为"低、高、低"范式。

2. 明代刻本文献。如明万历朝王圻《三才图会》版画插图中的各种椅子（图 269）、明万历朝间《红梨记》版画插图中的四出头官帽椅（见图 286）、明万历朝《吕真人黄果梦镜记》版画插图中四出头官帽椅（见图 287）、明万历朝《杨家府世代忠勇演义》版画插图上的两出头官帽椅（见图 298），这些知识性图书和各类小说版画插图中的椅子都未见联帮棍。

明崇祯朝、清顺治朝的某些图书刻本中，座椅图像上出现了联帮棍。这说明，此时，椅类上出现了联帮棍。但是，大多数明崇祯朝、清顺治朝、康熙朝的图书刻本中的椅子依然没有联帮棍。图书刻本描绘的对象是柴木家具。而柴木家具发展是稳定性的，式样长期不变，不同于硬木家具的快速变化。

3. 回溯宋辽金各朝代出土物、绘画资料，北京市辽代天开塔出土的四出头官帽椅（图 270）、山西省大同市元代冯道真、王青墓出土的陶圈椅冥器（见图 311）、山西省大同市金代阎德源墓出土的冥器四出头官帽椅（图 271）等，均未见联帮棍。

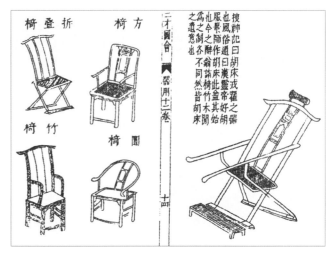

图 268 明万历 南官帽椅

（选自上海文管会：《上海市卢湾区明潘氏墓发掘简报》，《考古》1961 年第 8 期）

图 269 明王圻《三才图会》版画插图中的各种椅子

（选自明王圻：《三才图会》，上海古籍出版社）

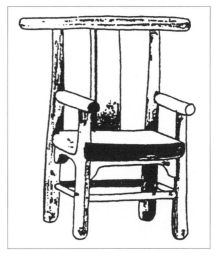

图 270 辽 四出头官帽椅

（首都博物馆藏）

图 271 金 阎德源墓出土的四出头官帽椅（摹本）

（选自解廷琦：《大同金代阎德源墓发掘报告》，《文物》1978 年 4 月）

图 272　五代　王齐翰《勘书图》中的四出头椅
（南京大学藏）

　　传世绘画中，五代王齐翰《勘书图》中的四出头官帽椅（图 272）、南宋《会昌九老图》中的圈椅（见图 310）等均未见联帮棍。可见无联帮棍之椅式源于五代两宋，乃至更早。所以，无联帮棍椅式是宋辽金明历代传续下来的范式。明式家具座椅中，光素无任何异变符号的无联帮棍椅子年代偏早。但是，某些闽作、广作的椅子则当另论。

　　明万历年大多数绘图刻本中的椅子上无联帮棍，尽管万历年和某些明崇祯年极个别绘图刻本中的座椅上出现了联帮棍。如此，那些简素的、无变异发展的、无联帮棍的黄花梨椅子的制作年代应是靠前的。

　　明晚期黄花梨椅子没有联帮棍，这种结论仅限于时尚性强、变化快的黄花梨椅子上，它们最敏感地创造、接受新式样，并一直走下去。黄花梨家具的主流是快速变化的，什么时候出什么式样。正如我国考古类型学学科奠基人郭沫若对青铜器、瓷器的时代变化总结道：

　　一个时代有一个时代的文体，一个时代有一个时代的字体，一个时代有一个时代的器制，一个时代有一个时代的花纹，这些东西差不多是十年一小变，三十年一大变的。譬如拿瓷器来讲，宋瓷和明瓷不同，明瓷和清瓷不同，而清瓷中有康熙瓷、雍正瓷、乾隆瓷等，花纹、形态、体质、色泽等都有不同。[1]

　　在黄花梨家具中，也有个别稳定性强的器物，发展变化滞后，其中有的椅子到清早期

1　郭沫若：《沫若文集》第 16 卷，《青铜时代》页 299，人民文学出版社。

也没有联帮棍。但是，这种非主流的椅子上往往带有另外偏晚年代的符号。家具具有复杂多样性，令人不可简单化地一句话概括。

同时要注意，柴木椅子不能列入此类"无联帮棍"问题中，因为柴木家具中稳定型的一脉从宋代到民国都少有变化，几百年一贯制。在晚清民国还大量生产"明式"家具。在柴木家具中，有一些制作年份极晚的椅子仍然没有联帮棍，这也是年代较晚的图书刻本中，还常常出现无联帮棍椅子的原因。

在明晚期以后，柴木家具与明式硬木家具的式样就不构成同步关系了。总体看，明晚期以后，两者形态落差越来越大。两者各属于一个古典家具母文化中的不同子文化系统，差异越来越大是十分正常的。

从理论上说，不同的子文化不在一条发展链上，互相不可以进行完全的年代比较。柴木家具和硬木家具在明晚期以后便没法进行考古类型学的年代比较了，在作类型学梳理时，它们不可混为一谈。

本书观察的对象为明式家具，即硬木家具，所有的结论是不包括柴木家具在内的。也曾有人以无联帮棍而又有很晚年代符号的柴木椅子为证提出质疑，笔者每每都要解释一番硬木家具和柴木家具是一个母文化系统中的两个子文化系统，具有不同的发展轨迹。

硬木家具中，包括无联帮棍在内的任何范式也都会有滞后现象存在。即存在主流之外的非主流的器物发展轨迹。笔者所说某种标准形态的硬木家具为明晚期，如无联帮棍、矮马蹄足等，必须有器物形态古直、完全光素、无变异特征、无雕刻等前提条件的。倘若带有其他晚期的细节符号，如变异的局部式样或雕刻图案，即使是无联帮棍者，其年代也是以偏晚的符号为准。

"扶手下不安装联帮棍的椅子为明晚期制作"这一说法，要有特定的限定。如果椅子上出现更多的修饰或变异特征，那就是年代后移的表现。

椅子加上了联帮棍，无疑加强了扶手的坚固性。有联帮棍的扶手受力程度大于无联帮棍的扶手，同时增加联帮棍也是器形不断优化的表现。

王正书在分析大量的明代刻本版画插图后，最早归纳得出这样的结论："明代的四出头官帽椅一般不设联帮棍。"[1] 他对四出头官帽椅联帮棍年代的关注和总结，应该还有一种普遍性意义，对理解明式家具的四出头官帽椅、圈椅都有所启发。

---

1 王正书：《明清家具鉴定》页 96，上海书店出版社，2007 年。

图 273-1 黄花梨四出头官帽椅 搭脑后的头枕

2. 黄花梨双牙纹四出头官帽椅

黄花梨双牙纹四出头官帽椅（图 273）搭脑"头枕"后出方棱曲线（图 273-1），基本与靠背板同宽，这又是四出头官帽椅中一种特殊的搭脑形态，有一定实物存世。

其鹅脖后移，无联帮棍。独板靠背上下端左右四角均饰花角牙，其中上端两侧角牙上镂双牙纹。扶手与鹅脖交接处亦饰双牙纹花角牙（图 273-2）。这种纹饰在案类一节中曾论述，为螭凤尾纹的演变体，年份偏晚。

座下券口上的壶门牙板曲线弯度饱满，竖牙板中下部出内勾牙纹装饰，这也表明其年代稍晚，尽管此椅无联帮棍。前后左右管脚枨为"低、高、低"式。

图 273-2 黄花梨四出头官帽椅 扶手下的双牙纹角牙

图 273 清早中期 黄花梨双牙纹四出头官帽椅

长 58.4 厘米 宽 50.2 厘米 高 118.1 厘米

（佳士得纽约拍卖有限公司，1998 年 9 月）

3.黄花梨福字纹四出头官帽椅

黄花梨福字纹四出头官帽椅（图274）靠背三段，攒边打槽装板，上段落堂绦环板上透雕变体福字（图274-1），中段平嵌瘿木，下段落堂开亮脚。

靠背板两边饰上下贯通的长花牙条，让视觉上有飘然而动之感。其上部雕双牙纹。联帮棍造型为竹节花瓶纹，取"竹报平安"之意，一般俗称为"纺锤形纹"。

一器之上，雕变体福字纹、双牙纹、竹节花瓶纹及三段式靠背板，多种符号表明此椅子年代大致为清早中期。

图274-1　黄花梨四出头官帽椅靠背板上的福字纹

图274　清早中期　黄花梨福字纹四出头官帽椅

长51厘米　宽62厘米　高112.5厘米

（香港两依藏博物馆藏）

4. 黄花梨草芽纹四出头官帽椅

　　黄花梨草芽纹四出头官帽椅（图275）靠背板壸门式开光上，雕螭尾纹演变而来的纹饰，可称草芽纹（图275-1）。作为传承下来的图案，草芽纹是对清早期黄花梨家具螭尾纹的继承。牙板上雕螭尾纹，与靠背板上的草芽纹呼应。

　　此种草芽纹寓意何在，这可以从椅子牙板上的螭尾纹得以启示。牙板上有螭尾纹，靠背板上基本有螭龙纹搭挡，同为螭龙之意。而这里靠背板上的草芽纹似有改变，其实意味相同，草芽纹为螭尾纹之再演变，同样为螭龙纹的象征，只是这是多层演变后的形态，意义更隐蔽。同时，这也表明此纹饰更晚一些。

　　上述三例黄花梨四出头官帽椅（见图265、图273、图274）基本是在一个循序渐进的发展链上。而此四出头官帽椅则可与黄花梨四出头官帽椅（见图265），构成另一种发展序列，只是其间有几层演变，即光素靠背板——螭龙纹靠背板——草芽纹靠背板。

图275-1　黄花梨四出头官帽椅靠背板上的草芽纹

图275　清早中期　黄花梨草芽纹四出头官帽椅

长57厘米　宽44厘米　高116厘米

（美国私人藏）

（二）圆出头直牙板券口型

1. 黄花梨直牙板四出头官帽椅

黄花梨直牙板四出头官帽椅（图276）全身光素，座下为直牙板券口，无联帮棍，鹅脖三弯，退后安装。靠背板三弯，扶手三弯，管脚枨为"低、高、低"式赶枨，造型极为完美。

从椅子侧面（图276-1）看，后腿上部是由下至上向后倾斜，为两弯形。而靠背板由上向下是向后倾斜后又有所前倾，为三弯形。从审美上看，两种线向形成对比，丰富了使用者的视觉感受。

图 276　明末清初　黄花梨直牙板四出头官帽椅

长 64 厘米　宽 60 厘米　高 103 厘米

（广东伍氏兴隆艺术馆藏）

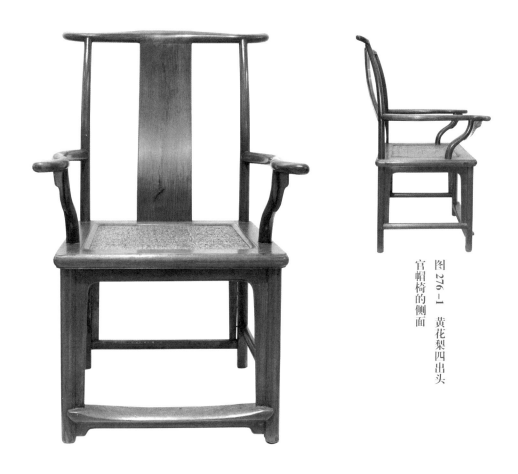

图 276 -1　黄花梨四出头

官帽椅的侧面

2. 黄花梨四出头官帽椅

黄花梨四出头官帽椅（图277）全身光素，侧面（图277-1）明显可见鹅脖退后安装，扶手下无联帮棍。座下为直牙板券口。管脚枨为"低、低、高"式赶枨。即前枨和两侧枨在同一水平上，这不同于多见的"低、高、低"和"低、高、更高"的赶枨范式。

多见的赶枨定式，或是低、高、低，即脚前枨低，双侧枨渐高，背后管脚枨又低，与前枨等高；或是低、高、更高，即前脚枨最低，双侧枨渐高，背后脚间枨最高。这些赶枨的做法避免榫眼集中一处，避免横竖枨"打架"，同时又自然形成高低不同的节奏。不同的范式可能是不同地区的个性做法。

明万历许多刻本插图中，管脚枨的"赶枨"多为"低、高、低"。"低、高、低"式赶枨在明式家具早期和中期的椅子中比较普遍。

图 277-1 黄花梨四出头官帽椅侧面

图 277 明末清初 黄花梨四出头官帽椅

长 57 厘米 宽 47 厘米 高 106.5 厘米（选自洪光明：《黄花梨家具之美》，南天书局有限公司。）

（三）圆出头直牙头型

1. 黄花梨直牙头四出头官帽椅

黄花梨直牙头四出头官帽椅（图278）全身光素，靠背板为二弯C形，区别于三弯S形的普遍做法。鹅脖退后安装，扶手下无联帮棍，座盘下为直牙板直牙头（"刀子牙板"）式，牙头曲线圆润，与牙板45°角相交接（图278-1），管脚枨为"低、高、低"式赶枨。整体形态古直，无修饰和异变，整体较矮。

明式椅子中，座下以正侧三面壶门式牙板券口为最讲究，壶门式牙板券口的竖牙条直抵管脚枨，形成连贯完整的流畅线条。有一类椅子座下，正面牙板为壶门式，左右两侧为刀子牙板式，可见刀子牙板式设计的相对低端。刀子牙板式在审美上稍逊于壶门式牙板券口。而本椅座盘下的刀子牙板使足间空透，让椅子轻盈起来，有一失也有一得。此椅整体高度和座盘高度都偏矮，而以刀子牙板处理座下空间，不失为好的设计。

图 **278** 明末清初 黄花梨直牙头四出头官帽椅

长 57 厘米 宽 50 厘米 高 96 厘米

（佳士得纽约拍卖有限公司，1997 年 9 月）

图 **278-1** 黄花梨四出头官帽椅牙头与牙板的相交处

2. 黄花梨直牙头四出头官帽椅

黄花梨直牙头四出头官帽椅（图279）四腿间牙板与牙头均一木连做，扶手下无联帮棍，这是早期椅子的特征。但搭脑头枕处浑圆，又有变异之迹象。

图 279　明末清初　黄花梨直牙头四出头官帽椅

长 57 厘米　宽 47 厘米　高 109 厘米

（选自邓南威：《隽永姚黄——中国明清黄花梨家具》，三联书店）

3. 黄花梨直牙头四出头官帽椅

黄花梨直牙头四出头官帽椅（图280）是一种特殊的形态，搭脑出头特别圆钝。最特殊处是座盘下足间四周装直牙板直牙头（图280-1），而且是一木连做，牙头肥厚，上宽下窄，下拐角曲线圆润。

此类椅子靠背板多为两弯C形，牙头牙板亦多一木连做，有联帮棍。此样式四出头官帽椅是另一种程式化的做法，同时，有一定的实物存世量。其中个例，直牙板与直牙头为45°角交接。

图 280-1 黄花梨四出头官帽椅座盘下的刀子牙板

图 280 清早中期 黄花梨直牙头四出头官帽椅（香港恒艺馆藏）

4. 黄花梨牛角式搭脑四出头官帽椅

黄花梨牛角式搭脑四出头官帽椅（图281）独特处主要是整个搭脑起伏颇巨，中间高，两边低，出头复高起。两端出头大，曲线如牛角，故俗称"牛角式"。搭脑与后腿交接处置角牙。此种搭脑以大起大落为视觉诉求，对比强烈，正面平滑，中间无凹面式"头枕"。较之一般四出头搭脑之平缓曲线，它富有激荡热烈的审美风格。

本椅的扶手三弯，鹅脖三弯后退，无联帮棍，座下为刀子牙板式，靠背板三弯。前管脚枨、两侧管脚枨均在同水平面上，而后枨高起，形成一种特殊的错落感。

常见的黄花梨圆出头四出头官帽椅的搭脑曲线以微妙变化者为主流，此官帽椅搭脑弯曲度极大，成为少见的款式。

图281　清早中期　黄花梨牛角式搭脑四出头官帽椅

长 48.5 厘米　宽 60 厘米　高 118 厘米

（选自首都博物馆：《物得其宜——黄花梨文化展》）

（四）圆出头罗锅枨型

1. 黄花梨罗锅枨四出头官帽椅

　　黄花梨罗锅枨四出头官帽椅（图282）搭脑起伏较大，头枕下凹，两端八字形脊线优美，左右出头向上向后飞翘，靠背板上小下大，挓度合规，选材精良，花纹如飞瀑流泉。座盘下置横枨，45°角与两腿相交接，下承以两矮老及罗锅枨。罗锅枨高起，两端下落的曲线与椅上搭脑两端下沉姿态相呼应。

　　此类形态虽极少见，但不失优美之态，也为罗锅枨式四出头官帽椅赢得一席之地。

图 282　清早中期　黄花梨罗锅枨四出头官帽椅

长 59.5 厘米　宽 47.5 厘米　高 120 厘米

（故宫博物院藏）

（五）圆出头洼堂肚型

1. 黄花梨洼堂肚牙板四出头官帽椅

黄花梨洼堂肚牙板四出头官帽椅（图283）全身光素，上身各构件极其优美，尤其是搭脑的曲线变化。其特殊处是牙板不同于壶门式和直牙板式，而是中间向下，呈弧线状，俗称"洼堂肚"，又称"出肚"。

尽管此椅全身光素简洁，基本形态与壶门式四出头官帽椅无异，但年代应为清早期后之物。依据是在明万历出土物和出版物插图中及明崇祯出版物插图中，未曾见过洼堂肚牙板器物，因此，洼堂肚牙板可视为壶门牙板的变异形态。

图 **283** 清早中期 黄花梨洼堂肚牙板四出头官帽椅

长 61.5 厘米 宽 54.5 厘米 高 110.5 厘米

（佳士得纽约拍卖有限公司，1998 年 9 月）

从实例看，有的清早期椅子正面为壶口牙板，两侧为洼堂肚牙板，可见洼堂肚式为简略的做法，品级自然逊于壶门式。洼堂肚牙板的曲线应为壶门牙板曲线的演变体。

从审美上看，洼堂肚牙板适合于竖长空间内使用。即高度大于宽度时，如在椅子两侧，空间上高大于宽，曲线内凸的洼堂肚恰好调节了这种竖长空间。但是，在椅子正面券口是横宽形空间，如洼堂肚牙板又过宽，那整体器物会有下沉之感。总的来说，洼堂肚的曲线不如壶门式曲线的变化优美。

壶门式曲线是趋上的视觉，而洼堂肚曲线有下垂的观感。壶门尖的曲线有一种向上的动感，更适宜于横扁形的空间。而洼堂肚牙板曲线是中间向下的，与壶门式牙板意趣正相反。洼堂肚曲线最成功的使用是在鼓凳的上下牙板上，如黄花梨四足鼓凳（图284）。

图284　清早中期　黄花梨四足鼓凳

长47厘米　宽47厘米　高38厘米

（佳士得纽约拍卖有限公司，1996年9月）

（六）圆出头束腰型

1. 黄花梨束腰四出头官帽椅

黄花梨束腰四出头官帽椅（图285）无联帮棍，两段式靠背板，上段中锼挖变体壶门式开光（图285-1），下段极长，嵌大理石板。其有束腰结构、霸王枨、两段式靠背板及其上段的锼挖开光，均有异变之象，年代当偏晚。椅子程式化的攒背板多为三段，而此椅为两段。

有学者认为此椅可能为后改，略备一说。但有资深行家说，曾经手过同式样四出头官帽椅，以其所见，当为原档。

图285 清早中期 黄花梨束腰四出头官帽椅
长68厘米 宽54.5厘米 高113厘米
（选自《风华再现——明清家具收藏展》）

图285-1 黄花梨四出头官帽椅靠背板上段的开光

三段式背板式样，宋代已有，如宋人《蕉荫击球图》（见图253）中的交椅靠背板即是。宋代的漆木椅子靠背板上，界成三截，本有修饰之意。这类三格布局更宜绘饰图案、锼挖图案。

在明代万历刻本版画插图上，可见三段攒边打槽装板式靠背板。如明万历刻本《红梨记》插图上，两出头官帽椅（图286）三段式靠背板上段锼挖壶门式开光，无联帮棍。明万历刻本《吕真人黄梦境记》版画插图中，见三段式靠背板四出头官帽椅（图287），靠背板上段锼挖开光，下段亮脚，且无联帮棍。另外明万历朝间的王圻《三才图会》、焦竑《养正图解》等版画插图中，也有三段攒边打槽装板靠背的图像。

由明代刻本版画插图推断，在明晚期，应有三段式靠背板四出头官帽椅。但是，今天所见早期的黄花梨椅子，均为独板靠背，黄花梨攒框三段式靠背板椅子实物的年代均晚于明代。如此，须以实物为论断依据，应再次说明，版画插图仅在一定范围内可作为参考。

实物表明，年代越往后，硬木椅子的三段式靠背越多。清中期多过清早期，清晚期多过清中期。

进入清早期，雕刻成为新的风尚，主流椅子上的变化多表现为三段式靠背板上雕刻图案。三段式背板适宜作三组雕饰图案，雕刻工艺为背板上三段空间的图案发展打开了新的宽阔之门。与此同时，在这类椅子的其他构件上也多具有雕刻图案。其由清早期，沿至清中期、清晚期，最后成为红木扶手椅的主流背板，而独板式基本是渐行渐远。

由于材料的节省和视觉上的缤纷感，三段攒框靠背板表现出极强的生命力。

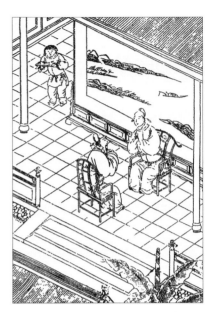

图286 明万历《红梨记》插图中的三段式靠背板两出头官帽椅

（选自傅惜华：《中国古典文学版画选集》，上海人民美术出版社）

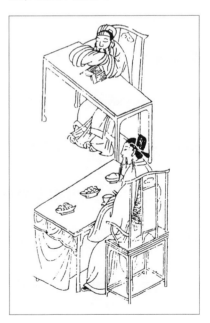

图287 明万历《吕真人黄梦境记》插图中的三段式靠背板四出头官帽椅

（选自王世襄：《明式家具萃珍》，上海人民美术出版社）

（七）平切出头壶门牙板券口型

在四出头官帽椅中，圆出头式样外，还有另一种出头式样，就是平切式。它自成一格，其特点是搭脑和扶手的出头为平面，其大多数的搭脑枕头两旁起八字形脊线，两端渐成圆柱形，呈弧线形向后面高挑。

平切出头的四出头的官帽椅上体后腿多是三弯形，个别为两弯形。而圆出头四出头官帽椅上体后腿多为两弯形。

整体评价中，平切出头四出头官帽椅稍逊于圆出头四出头官帽椅。但其风格独特，与圆出头形四出头官帽椅的委婉圆润、雍容之态相比，它形态劲峭，呈瘦硬之美。

平切出头的四出头官帽椅，设计形式多样，遗存尚众，在四出头官帽椅中占有大片天地，可称是四出头官帽椅的第二大类做法。

1. 紫檀四出头官帽椅

紫檀四出头官帽椅（图288）全身光素，搭脑和扶手为平切出头，搭脑头枕（图288-1）两旁起八字形脊线，后腿三弯，独板靠背三弯，座盘下为壶门牙板（图288-2）券口。牙板的对称三弯形曲线与搭脑形成上下完美呼应。壶门牙板何其优美，使用此牙板者为上，直牙板为中，洼堂肚牙板为下。包括在今天仿制明式家具上，此理仍然适用。

按照对椅子联帮棍的总结，这种全身光素古直、但有联帮棍椅子的制作年代应为明晚期之后，上限为明末清初。

图288-1　紫檀四出头官帽椅搭脑上的头枕

图288-2　紫檀四出头官帽椅座盘下的壶门式牙板

图 288 明末清初 紫檀四出头官帽椅

长 62 厘米　宽 50 厘米　高 116.5 厘米

（选自蔡辰洋：《紫檀》，寒舍出版社）

图 289-1　黄花梨四出头官帽椅牙板上的草芽纹

2. 黄花梨四出头官帽椅

黄花梨四出头官帽椅（图 289）身高近 1.2 米，搭脑和扶手出头为平切，后腿三弯。靠背板三弯，其上方开光内雕对称的螭龙纹和螭尾纹。壸门牙板上雕草芽纹（图 289-1），实为螭尾纹的简化体。

在上一节中，几例交椅前梃上都是两条螭龙中间雕螭尾纹。包括本椅在内的四出头官帽椅、圈椅的靠背板上，若雕螭龙纹，牙板必雕螭尾纹或螭龙纹，这成为程式化的组合。所以说，螭尾纹与螭龙纹必有关联，螭尾纹绝非是"卷草纹"。还有，一些其他雕草芽纹的椅子实例，其他构件上的图案大多具有偏晚的时代特征，可以证明草芽纹是变异形新纹饰，只是走了简化一路，是螭尾纹的简化体。

明式家具纹饰的发展基本是由简至繁的，大趋势是在做加法。但也不宜简单化理解这一点，在其晚期，也有时出现某种简化。

此椅雕饰虽如一般清早中期器物那样煊炽，但牙板上的螭尾纹已呈较晚的变异性，距离初始的螭尾纹已有相当的时间距离。

3. 黄花梨百宝嵌四出头官帽椅

黄花梨百宝嵌四出头官帽椅（290图）造型优美，四腿上收下舒，挓度较大，视觉上稳定优雅。后腿三弯、靠背板三弯、扶手三弯、联帮棍三弯、鹅脖微微三弯。座盘下券口内壶门式横牙板两侧各出三个牙纹，牙锋有尖有圆。竖牙板亦各出三个牙纹。整个椅子的线向充满委婉曲折之美。

靠背板上嵌百宝嵌，为喜鹊登梅纹（图290-1），意为喜从天降、喜上眉梢。明式家具椅类，包括四出头官帽椅、南官帽椅，其靠背板上如果嵌百宝，几乎全是喜鹊登枝纹，这是传统家具用于婚嫁喜事时的典型图案。

在椅类中，百宝嵌最常见于南官帽椅，在四出头官帽椅上则难得一见。明式家具遗物上，百宝嵌工艺大多为清早期以后之作。座盘下的横牙板和竖牙板上波折多变的尖牙纹，也表明其制作于偏晚年代。

图 290　清早中期　黄花梨百宝嵌四出头官帽椅

长 61.5 厘米　宽 54 厘米　高 120 厘米

（选自尼古拉斯·格林利：《中国古典家具图录》）

图 290-1　黄花梨四出头官帽椅靠背板上喜鹊登梅纹

美学家宗白华在《美学漫步》中指出："芙蓉出水"和"错采镂金"代表了中国美学史上两种不同的美感或美的理想。这两种美感或美的理想，表现在诗歌、绘画、工艺美术等各个方面。错彩镂金属于人工雕琢的美；芙蓉出水属于天生丽质的美。楚国的楚辞、汉赋、六朝骈文、颜延之诗、明清的瓷器，一直存在到今天的刺绣和京剧的舞台服装，这是一种"镂金错采、雕缋满眼"的美。汉代的铜器陶器，王羲之的书法、顾恺之的画、陶潜的诗、宋代的白瓷，这是"初发芙蓉，自然可爱"的美。[1]

以此类推，传统家具上的百宝嵌作品属于镂金错采之美。

百宝嵌是明清时期家具和木质、大漆制品上的一种高档装饰工艺。它以碧玺、珊瑚、玉石、水晶、玛瑙、象牙、犀角、螺钿、珍珠、珍贵木材和金银铜等材料嵌入木器和漆器上，形成花卉翎毛、人物山水等装饰图案，用不同质感和色彩的材料形成强烈的视觉对比，令器物焕发华丽的风采，创造更多的视觉感受和心理愉悦。同时珠玉宝石之荟萃，也彰显使用者雍容华贵的生活品质。细致地说，百宝嵌的材料和工艺为三类：

一是珠玉宝石类材料，以砣具和金刚砂切磨。

二是竹木牙角类材料，用刀具雕刻。

三是金银铜类材料，需铸造、錾刻。

在制作上，除构图和加工工艺外，百宝嵌的材料调配、色彩协调对比，也是考验制造者审美能力的关键。

明嘉靖年人周柱，因擅长百宝嵌，成为一代名家，其作品被称为"周制"（"周治"）。"周制"在明清时期也成为百宝嵌的代名词。晚明文坛领袖王世贞说：

> 今吾吴中陆子冈之治玉，鲍天成之治犀，朱碧山之治银，赵良璧之治锡，马勋治扇，周柱治商（镶）嵌及歙嵌，吕爱山治金，王小溪治玛瑙，蒋抱云治铜，皆比常价再倍。而其人至有与缙绅坐者。近闻此好流入宫掖，其势尚未已也。[2]

晚明时期，良匠高手的技艺在社会上备受推崇，像文坛盟主王世贞对他们也垂青有加，其文中表露了这样的四个含义：一是在吴中地区，周制之镶嵌工艺与陆子冈之治玉、鲍天成之治犀角齐名，二是它们"皆比常价再倍"，是正常价的两倍。更重要的是第三点，这些匠人社会地位很高，有的可以与缙绅士大夫同起同坐。第四点是他们的上佳作品"流入宫掖"，被进贡到朝廷。

史称《觚不觚录》一书"自序谓伤觚之不复旧觚，盖感一代风气之升降也。虽多纪世故，颇涉琐屑，而朝野轶闻，往往可资考据"。"盖世贞弱冠入仕，晚成是书，阅历既深，见闻皆确，

---

1 宗白华：《美学漫步》页30，上海人民出版社，1981年。

2 明王世贞：《觚不觚录》页17，商务印书馆，1937年。

非他人之稗販耳食者可比，故所叙录，有足备史家甄择者焉"。可见王世贞之论可信度极大。

明末清初的张岱云：

> 吴中绝技，陆子冈之治玉，鲍天成之治犀，周柱之治嵌镶，赵良璧之治梳，朱碧山之治金银，马勋、荷叶李之治扇，张寄修之治琴，范昆白之治三弦子，俱可上下百年保无敌手。但其良工苦心，亦技艺之能事。至其厚薄深浅，浓淡疏密，适与后世赏鉴家之心力目力针芥相投，是岂工匠之所能办乎？盖技也而进乎道矣。[1]

明清之交的张岱是一个纵欲玩世、豪奢享乐的纨绔子弟，但又是一时之文杰。他也看重"周柱之治嵌镶"，而且自问自答，这难道是工匠能做到的吗？当其技艺达到巅峰后，就触及规律之"道"。

从文坛盟主王世贞"其人至有与缙绅坐者"，到世家子、大名士张岱的"盖技也而进乎道矣。"可以看出，当时社会一定程度上颠覆了旧的社会阶层观念和价值观念，当时的文人对于能工巧匠有了敬重之情。其目光、境界，可能要超越今天的文化人。今人动不动便将历史上的工艺成就归于"文人"。

吴骞大致为清代乾隆、嘉庆年人，曾云：

> 明世宗时，有周柱善镶嵌奁匣之类，精妙绝伦，时称周嵌。常为严氏所养，严败被籍，诸器皆入内府，故人间流传绝少。[2]

吴骞言及，周柱为明代嘉靖年大权臣严嵩家所养。此条史料内容殊奇，前所未闻。又由于《尖阳丛笔》为清嘉庆年间著作，去明代嘉靖年久远。周柱为"严嵩家所养"一说孤证难立。而且，明嘉靖查抄严嵩父子家产清单《天水冰山录》中，记有嵌螺钿大理石床、堆漆螺钿描金床、嵌螺钿梳背藤床等，未见百宝嵌家具。

但是，其"周柱善镶嵌奁匣"一语却准确表明了女子梳妆的奁匣等小件是百宝嵌的重要载体。奁匣为梳妆匣，为嫁妆中必备。这和我们看到的一些清早期、清中期的百宝嵌匣、盒、箱是吻合的。许多匣盒的百宝嵌图案基本上是喜鹊登梅（喜从天降）纹、石榴纹（榴开百子）纹、百子图等。含有祝贺新婚之喜、祈求得子之意。可以肯定，清早期的百宝嵌工艺品基本是富有家庭在婚嫁时使用的。

清早期、清中期，不仅是匣、盒、箱上有祝贺新婚、祈求得子的百宝嵌图案，而且在大型家具和小型文具上也有此类纹饰。今天我们能够看到百宝嵌实物几乎没有明代制品。

清代钱泳云：

---

1 （清）张岱：《陶庵梦忆》卷一"吴中绝技"，中华书局，2016年。
2 （清）吴骞：《尖阳丛笔》卷五，上海古籍出版社，1995年。

周制之法，惟扬州有之。明末有周姓者，始创此法，故名周制。其法以金、银、宝石、珍珠、珊瑚、碧玉、翡翠、水晶、玛瑙、玳瑁、车渠、青金、绿松、螺钿、象牙、蜜蜡、沉香为之，雕成山水、人物、树木、楼台、花卉、翎毛，嵌于檀、梨、漆器之上。大而屏风、桌、椅、窗槅、书架，小则笔床、茶具、砚匣、书箱，五色陆离，难以形容，真古来未有之奇玩也。乾隆中有王国琛、卢映之辈，精于此技。今映之孙葵生亦能之。[1]

　　钱泳为清嘉庆道光年间人，熟悉的是"乾隆中有王国琛、卢映之辈，精于此技。今映之孙葵生亦能立"。所说"大而屏风、桌、椅、窗槅、书架""嵌于檀、梨、漆器之上"的情景，应多是清中期以后的事了。

　　至乾隆之时，百宝嵌工艺已臻成熟，富丽堂皇，辉煌一时。乾隆时期是一个在家具装饰上玩出万般花样的年代。它极尽雕饰，铺陈淫靡。但在林林总总的纹饰中，最豪奢华丽、鹤立鸡群的依然是百宝嵌。

　　民间精品必然贡奉皇宫内苑，百宝嵌亦不例外。故宫博物院所藏大量百宝嵌家具，代表着百宝嵌的鼎盛之作，其中巧匠妙手施作实例极多。

　　在史料中，周柱也被称为周翥，均指一人。今天所见的百宝嵌遗物，一般称为周制风格。器底有字款者，多为嵌银丝"吴门周柱"，而未见"周翥"。当然此类"吴门周柱"亦多为他人假托。

　　明晚期，个人品牌风尚初立，但转瞬间，字号便被全行业共享。最后，发展到你名周柱，我称周翥，彼岁言生于苏州，此时号产自扬州。社会没有个人的权利，必然形成明清时期乃至其后长久的品牌纷乱特色。

　　古往今来，百宝嵌代表着最多贵重材质、最复杂的工艺的成套使用，它基本与富庶之世相伴随，盛衰与共。这是为何呢？

　　经济发展、市场活跃以后，高品质的奢侈品必然接踵而来。理解作品的奢侈度往往是从产品品质角度进行的。百宝嵌耗费财力、视觉炫目，无疑是古今通用的超级奢侈品。此类奢侈品不仅仅具有物质使用功能和感官享受功能，而且更多的作用是富贵阶层以此显示自己的地位身份。

1　（清）钱泳：《履园丛话》卷一二，中华书局，1979年。

4. 黄花梨四出头官帽椅

黄花梨四出头官帽椅(图 291)搭脑、扶手出头为平切,后腿部、靠背板全部为三弯形。

靠背板上的纹饰更繁复,开光为圆形,内雕螭龙纹与变体螭尾纹(图 291-1),构图是为两螭相对,两螭上端中间为变异的螭尾纹。左右分看,其上下图形各自为变体的子母螭龙纹,左右两侧则构成对称的子母螭龙纹。

图 291 清早中期 黄花梨四出头官帽椅

长 58.8 厘米 宽 45.5 厘米 高 110 厘米

(中国国家博物馆『承古融今 星汉灿烂——中国嘉德艺术品拍卖 20 年精品回顾展』)

图 291-1 黄花梨四出头官帽椅靠背板上的螭龙纹和变体螭尾纹

图 291-2 黄花梨四出头官帽椅联帮棍上的圆雕螭龙头纹

联帮棍底端圆雕螭龙头纹（图 291-2），呈螭龙头吞棍状，是新出现的螭龙纹形式。另有数例黄花梨方凳，周身纹饰繁复，年份偏晚，其罗锅枨两头亦雕以螭龙头纹，呈螭龙头吞罗锅枨形态。与此椅联帮棍底端圆雕螭龙吞棍形式相近。

牙板上雕灵芝螭尾纹（图 291-3），螭尾纹中增加了灵芝纹。

同时，这个案例有助于理解某些炕桌和架子床上的"狮头虎爪"（兽头吞足）纹实为螭龙头爪纹，而非为狮头虎爪（兽头吞足）纹。所有此类纹饰的家具其年代应该进入清早中期，此时期属明式家具的末期，也是高峰期。

在明式家具上，所有的兽纹不是螭龙纹就是螭凤纹，或者不是螭龙纹变异体，就是螭凤纹变异体；或者不是变异体，就是简化体，或是象征体。

在清晚期，红木家具中灵芝纹八仙桌、灵芝纹太师椅大行其道。它们脚上所雕螭龙头纹（俗称"鳌鱼头纹"）也是圆雕螭龙纹，为螭龙纹的演变和发展。

螭龙纹、螭凤纹文化之强大让今人觉得不可思议。

图 291-3 黄花梨四出头官帽椅牙板上的灵芝螭尾纹

5. 黄花梨草芽纹四出头官帽椅

黄花梨草芽纹四出头官帽椅（图 292）的搭脑起伏有致，中间头枕宽平，两端出头舒缓高扬，后腿、扶手、联帮棍、鹅脖均为三弯 S 形。三弯形靠背板开光中的草芽纹最值得探究。一般此类开光中，多为双螭龙纹，而此椅则为草芽纹。

明式家具中，牙板上、靠背板开光中的由螭尾纹演变而来的草芽纹都是子母螭龙纹的简化体，年份晚于一般子母螭龙纹。靠背板上壶门式开光偏大，也是一种变异形态。

图 292　清早中期　黄花梨草芽纹四出头官帽椅
长 59 厘米　宽 50 厘米　高 113 厘米
（中贸圣佳国际拍卖有限公司，2016 年秋季）

6. 黄花梨"日日见喜"纹四出头官帽椅

黄花梨"日日见喜"纹四出头官帽椅（图 293）有不同他例的几个特点：搭脑出头较长，出头与后腿上部交接处置角牙。搭脑头枕宽大，上雕太阳纹（图 293-1）即日纹。后背板开光中透雕梅花纹，意为喜鹊登梅，其与搭脑上的日纹相合，为"日日见喜"寓意。

全椅搭脑靠背板、后腿、扶手、联帮棍均为三弯 S 形，加之座下的壶门牙板曲线，使整器方直中有圆曲的韵致。

图 293　清早中期　黄花梨"日日见喜"纹四出头官帽椅

长 56.5 厘米　宽 47 厘米　高 118 厘米

（广东留余斋藏）

（八）平切出头直牙头型

1. 黄花梨四出头官帽椅

黄花梨四出头官帽椅（图294）搭脑和扶手出头为平切，搭脑头枕两旁八字形起脊，上体后腿为少见的两弯形，由下向上弯曲。靠背板为三弯，无联帮棍。座盘下为直牙板和直牙头，其形态均表现了较早期黄花梨椅子的基本范式。其硬屉座面不知是否为后世替换，如果为原配，此椅的年代应较晚。

图294　明末清初　黄花梨四出头官帽椅
长62厘米　宽58厘米　高117厘米
（美国布鲁克林艺术馆藏）

2. 黄花梨四出头官帽椅

黄花梨四出头官帽椅（图295）座盘下为直牙板和扁矮的直牙头，且为一木连做。本椅其他形态均表现年代偏晚，一是方料制作。二是搭脑已无头枕，中间与两端横截面相同。三是座面为硬木板。这些均为晚期特征，也是地域特征。

图 295 清中期 黄花梨四出头官帽椅

长 58.4 厘米 宽 45.7 厘米 高 118.1 厘米

（佳士得纽约拍卖有限公司，1999 年 9 月）

（九）平切出头直牙板券口型

1. 黄花梨两出头官帽椅

　　黄花梨两出头官帽椅（图 296）搭脑出头顶端平切，中间头枕宽平，两端过渡成圆柱状。靠背独板，选材精良，纹饰如拉长之同心圆，层层叠叠。靠背板三弯、后腿上部三弯、扶手三弯、鹅脖三弯、联帮棍三弯，所有的三弯形，成为一组委婉多变的曲线组合。

　　座下正面、侧面均为直牙板。其特殊处在于扶手（图 296-1）不出头，以烟袋锅榫与鹅脖相接，如一般的南官帽椅扶手。从烟袋榫做法看，可以完全排除扶手为出头扶手后改的疑惑。

图 296-1　黄花梨两出头官帽椅扶手上的烟袋榫

图 296　明末清初　黄花梨两出头官帽椅

长 60 厘米　宽 45.5 厘米　高 120 厘米

（香港私人藏）

图 298　明万历《杨家府世代忠勇演义》插图中的两出头官帽椅

（选自台北故宫博物院：《明代版画丛刊》）

在明式家具四出头官帽椅系列中，此种扶手不出头式样不合常法，此式不省工也不省料。今天，其实物存世屈指可数。那么，为何出现这样一款呢？

笔者曾经买过新仿的四出头官帽椅，一时无处陈放，权置餐桌两旁，当做餐椅。很快便感到了出头扶手的不便，起坐移步，挂扯衣服，磕撞身体。椅子旋即被换去。当时依稀感到，四出头椅扶手的出头探出座面，不便桌案前使用。后来，与友人交流，他们也有相同经历和感觉。

2013 年夏，写作此书之际，笔者曾到苏州园林狮子林一游。其间小憩，在园内听雨楼二层的茶室茗茶。小园中，宽阔的茶楼近乎奢侈。碧螺春用过两道后，发现所坐的椅子就是仿古式官帽椅，搭脑出头，而扶手不出头。再环顾四周，旁边多张方形茶桌，四边都有四张同样的两出头官帽椅（图297），客人起坐自如。

这让人体会到，苏作对于四出头官帽椅的依恋。同时，在生活中，它们又能智慧地变通。有些我们认为不合情理的造型"缺憾"，可能其背后就隐藏着另一种典雅和舒适。

明万历小说《杨家府世代忠勇演义》的版画插图（图298）、明万历小说《红梨记》的插图（见图286）中，均有两出头椅官帽椅。

2. 黄花梨螭龙螭凤麒麟纹四出头官帽椅

黄花梨螭龙螭凤麒麟纹四出头官帽椅（图299）表现了出色的雕刻成果和明确的观念诉求。靠背板三段攒框，每段装板上均有精美雕饰：

上段圆形开光中，浮雕山石花卉，凤鸟振翅高翔（图299-1）。

中段方形开光中，红日祥云、松石瑞草纹饰间，"麟趾呈祥"的麒麟纹（图299-2）为中心图案。

下段雕团曲螭龙纹（图299-3），其下挖壶门式亮脚。

这些图案都有指向性很强的寓意，反映使用者的祈望。凤纹为女性的象征符号。麒麟纹寓意为家有出息的孩子，隐喻象征早生贵子、子嗣繁盛。

如果说器物上单有凤纹或单有麒麟纹，尚不足有力地说明相关的观念、文化问题，那么，此椅"麒麟儿"与女性标志的凤纹构成的一组装饰则有力证明了这类精美华藻的座椅是与婚嫁相关的用具。

固然在镜台、衣架上，可以太多地见到单独的凤纹或麒麟纹，但这两种纹饰的组合于一器之上，对嫁妆含义的解密说服力最强。这些嫁妆用具，或称婚事器物，以太多的斑斓绚丽风格、错彩镂金之姿、富贵华丽之态傲视同侪。其联帮棍圆雕竹节花瓶纹，取太平之意。券口为直牙板。四个出头为平切，搭脑上已无头枕，此类圆棍状搭脑的椅子无论是罗锅枨式，还是直枨式（扶手也是直枨式），都是后来的演变体。

各类椅子上，三截攒框与煊炽热闹的雕饰共存，年代一定偏晚。

图299-1 黄花梨四出头官帽椅靠背板上段的螭凤纹

图299-2 黄花梨四出头官帽椅靠背板中段的麒麟纹

图299-3 黄花梨四出头官帽椅靠背板下段的螭龙纹

图 299　清早中期　黄花梨螭龙螭凤麒麟纹四出头官帽椅

长 65.4 厘米　宽 49.5 厘米　高 108.6 厘米

（选自中国嘉德拍卖有限公司：《嘉德二十年精品录》家具工艺

珠宝名表卷，故宫出版社）

古代婚姻的最大目的是生儿育女、传宗接代。儒家十三经之一《仪礼》说：

> 昏礼者，将合二姓之好，上以事宗庙，而下以继后世也。故君子重之。[1]

生育关系到家族的兴旺、姓氏的繁衍。早生贵子是婚姻中男女双方及家庭的殷切希望，子孙满堂是古人的幸福标志。其至关重要的意义，当代人及后人可能越来越不能理解。

在古代的婚礼中，有诸多求子活动。婚礼仪式和用品大多体现着祈子的期盼。古人有一系列的类似巫术性的活动，希望通过它们达到多子的效果。这一习俗通过祈子图案也表现在明式家具上。

麒麟纹与凤纹相同，也是神话传说中的瑞兽。麒麟纹形象融合了龙首、马身、马蹄、蛇鳞、牛尾等特征。晋代出现"麟吐玉书"之典，称有麒麟吐玉书于孔家，书上写："水精之子孙，衰周而素王"（意为未居帝位而有帝王之德），次日，孔夫子出生。孔子遂被后人称为"麒麟儿"。这种神化动物成为圣贤、杰出人士出现的象征，在民间寓意为有出息的孩子。随着麒麟儿和"麒麟送子"含义影响的日益广泛，麒麟纹饰成为早生贵子、子嗣繁盛的象征。

唐代杜甫《徐卿二子歌》云："君不见徐卿二子生奇绝，感应吉梦相追随，孔子释氏亲抱送，并是天上麒麟儿。"

在先古时期，麒麟的传说纷繁多端。它作为祥瑞象征，史上还有其他含义：麒麟为"麟、凤、龟、龙"四灵之一，传为仁兽，预示吉祥。历代朝廷以其象征王政和盛世，有"麒麟出，王政兴"之语。

汉代有麒麟阁，陈列功臣画像。唐代三品以上武官使用麒麟袍。清代一品武官补子上绣麒麟图，一品文官补子上绣鹤纹。但武官之麒麟纹，显然其地位不及文官之鹤纹。民间器物使用麒麟纹不会取意于此。

在历史上，麒麟纹固然有多种含义，但在清早期家具纹饰图案中，它专指明确，为"麒麟儿""麒麟送子"象征。

这类图案直接表现了祈子的愿望，婚姻中的求嗣祝愿是这种

---

1 （汉）郑玄：《仪礼·正义》卷四四，"昏义"，上海古籍出版社，2008年。

纹饰图案深厚的社会心理基础。祈子与婚礼活动紧密相连，这也透露了别样的玄机，那就是有这些图案的家具为婚嫁家具。

在许多明式家具上雕饰麒麟纹及相关图案，为了视觉的美感，设计常常突显了麒麟纹饰。如麒麟葫芦纹上的葫芦纹极小、麒麟玉书纹上的卷书纹隐蔽。以致长久以来，它们只被称为麒麟纹。在意义解读上，至多是认为麒麟纹有祥瑞寓意。其实，正由于有了葫芦纹、玉书纹的存在，麒麟纹的祈求子嗣之意才明确无误地可以坐实。以至于有些麒麟纹中没有葫芦纹、玉书纹、送子纹等，根据纹饰图案的简化规律也可以确定其为麒麟送子之意。

传统图腾性符号、神话传说的形象纹饰流传到明清时期，装饰性虽然逐渐加大，但观念性一直未减。可贵的是这种图案上强烈的观念性，并未减弱对视觉美的追求。以至长久以来，其瑰丽精妙的艺术成就，令当代人几乎忘掉了它们的观念本意，麒麟纹就是如此。

清早期以后，明式家具雕饰发展迅猛，除了螭龙纹、螭凤纹、喜鹊梅花纹以外，麒麟纹是重要的装饰图案。与早生贵子、人丁兴旺祈愿相关的麒麟纹、麒麟送子纹、麒麟葫芦纹、麒麟玉书纹，不但常见于镜台、官皮箱、盆架等典型的卧室用具上，在圈椅、交椅、翘头案等大型器物上也时有所见。

在研究某种器物上的图案纹饰时，应该寻找这个图案与这种器物之间具体的、密切相关的逻辑关系，而不应是在图案词典中随意将该图案多种说法中的一种伸手引入。这一种"点击"而来的说法，不存在具体的、密切相关的逻辑分析，从而缺乏学术层面的意义。

3. 黄花梨四出头官帽椅

黄花梨四出头官帽椅（图300）出头为平切，椅子搭脑起伏巨大，中间高，两侧低，出头复高且长，高低对比强烈，气势庞大，神采飞扬。后腿向后弯的曲度也大于常例。

扶手下联帮棍为花瓶状，取太平之意。其左右77.2厘米，长度极大，异乎寻常。背板宽大，也极为少见，与椅子总长度呼应。在各类椅子上，宽大的背板增强了椅子豪放气派感，成为厚重感的重要构成。其座盘下正面为直牙条券口，侧面为刀子牙板，管脚枨为低、高、低式。

此椅宽大，超越所有平切出头四出头椅。其形张扬，黄花梨所制的椅子作品往往趋同于比较固定的几个式样，有程式化倾向。而个别创新的式样，倒是有出人意表的效果，如本椅，威严大气又飘逸灵动。

各式椅子搭脑的不断变化表明年代的更迭。

图 300　清早中期　黄花梨四出头官帽椅（摹本）

长 77.2 厘米　宽 55.9 厘米　高 109 厘米

（美国明尼阿波利斯艺术馆展出）

4.紫檀罗锅枨搭脑四出头官帽椅

紫檀罗锅枨搭脑四出头官帽椅（图301）有一系列的异变，如搭脑成为圆棍状，无头枕，且为罗锅枨式。三段靠背板上段、中段上雕刻牡丹花图案（图301-1），直扶手出头外撇。这些都是黄花梨四出头椅中前所未见的款式，它仍保留着传统四出头椅的框架式样，但多处构件形态已变化，这代表着其年代已进入清中期，偏向广作。

四出头官帽椅如此，南官帽椅也如此。进入清中期后，有的南官帽椅搭脑也演变为罗锅枨式，它们都是"后明式家具时期的器物"。同时，在图案方面，也可以这样说，硬木家具上，主体图案若雕花卉图案，其年代一般是清中期或更晚。

图301　清中期　紫檀罗锅枨搭脑四出头官帽椅

长54厘米　宽45厘米　高97厘米

（选自北京市文物局：《北京文物精粹大系》家具卷，北京出版社）

图301-1　紫檀四出头官帽椅靠背板上的牡丹花

（十）平切出头罗锅枨矮老型

1. 黄花梨四出头官帽椅

黄花梨四出头官帽椅（图302）搭脑和扶手出头平切，搭脑中间有扁凹形头枕，两端收细。靠背板三弯，后腿微微三弯，扶手、联帮棍、鹅脖均三弯。座盘下设罗锅枨。

罗锅枨加矮老造型，一般被认为不及壸门牙板曲线优美曼妙，但它以简洁取胜，使整个器物线条流动，有空灵之感。谁又能说这种曲线不是另一种个性之美呢？疏朗和清隽使其别富韵致。在明式家具顶峰时期，简洁之作亦如此出色动人。

图 302　清早期　黄花梨四出头官帽椅

长 68.5 厘米　宽 54.5 厘米　高 122.5 厘米

（选自《风华再现——明清家具收藏展》）

2. 黄花梨方料四出头官帽椅

黄花梨方料四出头官帽椅（图303）突出特点是方料打洼制作，搭脑、扶手、后腿、鹅脖、罗锅枨、矮老表面均以打洼装饰，为方料圆作的巧思。其四个出头偏短。

一对靠背板花纹一致，为一木双开。搭脑成罗锅枨式，座下矮老上有一根横枨，与两腿相交接，结构上有特殊性。罗锅枨高起，上弯处接近矮老。

其制作年代偏晚，整个设计结构合理。

图303 清早中期 黄花梨方料四出头官帽椅

长61厘米 宽46厘米 高114厘米

（选自毛岱康：《中国古典家具与生活环境——罗启妍收藏精选》）

3. 黄花梨方料四出头官帽椅

黄花梨方料四出头官帽椅（图304）与上例极为相近，构件均是方料制作，表面打洼装饰。不同处是本对官帽椅搭脑弯曲度比上例椅子大。鹅脖三弯，上端向前探出，上例则向后倾斜。本例管脚枨为低、低、高，上例椅的管脚枨则是低、高、更高。可见不同匠人在具体设计的处理上有自己的特色。

此椅靠背明显偏矮，或以为是一种特殊做法，但某藏家所藏一对相同形制椅子，椅身通高为119厘米，高出本对椅子15厘米。她怀疑本椅靠背和后腿曾被截断改动。实际上，所有靠背偏矮的四出头官帽椅都存在被后人修改的可能。在二三百年的使用中，各种椅子被损坏后，修整中必须巧妙地截下一段靠背和后腿，故形成椅子的偏矮之态，许多行家都曾经历过此类修改。

图304 清早中期 黄花梨方料四出头官帽椅
长61.5厘米 宽50厘米 高104厘米
（选自克雷格·克鲁纳斯：《英国维多利亚阿伯特博物馆藏中国家具》，上海辞书出版社）

4. 黄花梨八棱式四出头官帽椅

黄花梨八棱式四出头官帽椅（图305）搭脑和扶手的出头为平切，搭脑中间无头枕，但微微粗大。其最突出的特点是在大量构件上进行八棱装饰。搭脑、四腿、扶手、鹅脖、矮老、罗锅枨上均有八条棱线，这是匠心创新的视觉追求，制作年代较晚。其清新淡雅，可谓低调的奢华，也表明在明式家具末期装饰手段的多样性。座盘下，正面、侧面腿间为罗锅枨加矮老，与整椅的线状感相和谐。

图305　清早中期　黄花梨八棱式四出头官帽椅（摹本

长54厘米　宽42.5厘米　高101厘米

（香港晏如斋藏）

（十一）平切出头洼堂肚牙板型

1. 黄花梨草芽纹四出头官帽椅

黄花梨草芽纹四出头官帽椅（图306）座下正面、侧面牙板均为洼堂肚式。此种牙板的椅子一般制作年代较晚。

靠背板上壶门式开光中，雕有草芽纹（图306-1），这是螭尾纹的演变体，草芽纹同时佐证了洼堂肚牙板的年代之晚。

图306-1　黄花梨四出头官帽椅靠背板上的草芽纹

图306　清早中期　黄花梨草芽纹四出头官帽椅

长58厘米　宽45厘米　高115厘米

（苏富比香港拍卖有限公司，2016年4月）

2. 黄花梨洼堂肚四出头官帽椅

黄花梨洼堂肚四出头官帽椅（图307）牙板为洼堂肚式。其他构件上存在着明确年代偏晚的符号。一是搭脑中间没有头枕了，左中右通体直径大致一样，状如圆棍，处理简单化了。

搭脑上有头枕，会强化椅子上端的厚重和尊贵感。没有了头枕，传统的匠心也消失了。二是腿间券口竖牙板修饰草芽纹（图307-1），三是管脚枨下牙板也是洼堂肚式，牙头扁宽，曲线方硬。

图 307-1 黄花梨四出头官帽椅券口竖牙板上的草芽纹

图 307 清早期 黄花梨洼堂肚四出头官帽椅

长 56.5 厘米 宽 46.4 厘米 高 118.1 厘米

（苏富比纽约拍卖有限公司，1986 年 9 月）

（十二）平切出头束腰型

1. 黄花梨四出头官帽椅

　　黄花梨四出头官帽椅（图308）通体为方料，用材壮硕厚实。搭脑中部突起，不同常态，背板壶门式亮脚，状如其他的三攒式背板的亮脚，足端饰以钩云纹，这几点合于一身，强烈表明此椅的地域风格和年份偏晚。

　　座子仿佛是一件有束腰鼓腿膨牙的大杌凳，其追求鼓腿的创新，也就须配以束腰。座面下有霸王枨支撑。其状特异，以致有论者怀疑其是否为方凳后改过。据香港行家所忆，它的后腿为上下两木，但以楔钉榫（如圈椅椅圈上使用的）连接。从侧面看，椅盘后大边中间有凹形曲线，其宽度与靠背板宽度一致，这也是此椅为原档设计的一个硬证据。

图308　清早期　黄花梨四出头官帽椅
长 59.7 厘米　宽 48.9 厘米　高 104.1 厘米
（选自楠希·白铃安：《屏居佳器——十六至十七世纪中国家具》，美国波士顿美术馆）

三、圈椅式

在明式家具的椅类上，三弯形涵盖了交椅、四出头官帽椅、圈椅、南官帽椅的上部，它们委婉的线向让明式家具的椅子与只注重功能的矩形结构体形态形成两片天地。而圈椅的椅圈则让椅子呈现"圆体"的风貌，扶手出头外撇，具有热情活泼的特征。

在大的分型上，圈椅分为扶手出头型、扶手不出头型。

（一）扶手出头壶门牙板型

按照严苛的标准，在黄花梨扶手出头式圈椅实物中，尚难找到是明晚期的作品，也就是说，现在发现的圈椅年代至早为明末清初。

1. 黄花梨花牙纹圈椅

黄花梨花牙纹圈椅（图 309）有联帮棍，光素靠背板上端左右两侧均镂出花牙纹。这种花牙纹多见于壶门牙板的圈椅上，在罗锅枨式、直牙板式、洼堂肚式圈椅上几乎未见。座下为光素的壶门式牙板，边缘起线。

这种光素而略带镂饰的圈椅，线条简洁，无雕无饰，但有联帮棍及花牙装饰，按照黄花梨家具椅类发展的大致轨迹，笔者视其为明末清初之作。

图 309 明末清初 黄花梨花牙纹圈椅
长 61 厘米 宽 48 厘米 高 101.5 厘米
（佳士得纽约拍卖有限公司，1994 年 12 月）

圈椅是明式家具中的基本款式，它由来已久，垂传亦长。辽宁省博物馆藏北宋李公麟绘《会昌九老图》（图310）上，几个主要人物的坐具均为圈椅，其扶手较高，略矮于搭脑，无联帮棍，二截靠背板，足下赶枨为"低、高、更高"式。

不言自喻，宋人绘画上这种圈椅是后世圈椅形制之祖。我们不论是坐在一把旧圈椅上，还是使用一把仿古圈椅，应该欣喜这是传承近千年的坐具形式，它是一种历史的福荫。

需要注意的是，考古资料固然是最为可靠的历史依据，但观察许多陶制家具冥器，它们一般都有臃肿失真之嫌，细节处不尽可考据。如山西省大同市元代冯道真、王青墓出土

图310　南宋　李公麟《会昌九老图》
中的圈椅（摹本）
（选自见邵晓峰：《中国宋代家具》，东南大学出版社）

图311　元　陶圈椅（摹本）
（选自大同市文物陈列馆：《山西省大同市元代冯道真王青墓清理简报》，《文物》1962年10月）

图312　元　陶圈椅（摹本）
（选自唐云俊：《山西大同东郊元代崔莹李氏墓》，《文物》1987年10月）

的冥器陶圈椅（图311）、山西省大同市东郊元代崔莹李氏墓出土的冥器陶圈椅（图312），应与生活中使用的实物不一样。

　　明万历丁云鹏绘《养正图解》插图中的圈椅（图313）、明万历（崇祯）《鲁班经匠家镜》中的圈椅（图314）、明崇祯《金瓶梅词话》中的圈椅（图315），明万历《忠义水浒全传》中的不出头圈椅（图316）等，呈现出明万历、崇祯年间柴木圈椅的不同形态，可资理解晚明黄花梨圈椅的制作。

图313　明万历《养正图解》插图中的圈椅

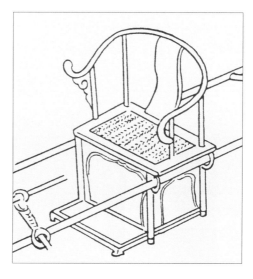

图314　明万历（崇祯）《鲁班经匠家镜》插图中的圈椅

图315　明崇祯《金瓶梅词话》插图中的圈椅

图316　明万历《忠义水浒全传》插图中的不出头圈椅

2. 黄花梨螭龙纹圈椅

黄花梨螭龙纹圈椅（图317）靠背板选材精良，一木双开，花纹绚丽。座下为壶门牙板券口，横牙板上左右雕繁复的卷草形螭尾纹。

靠背板上端开光内雕团龙式单条螭龙（图317-1），前肢左右开张，残存兽体之态，但爪足已变异，身尾上卷，绕螭头成团状，尾部相对分开外卷。靠背板上这种造型少见，但在情理之中。由于靠背板受空间面积限制，其上的子母螭龙纹雕饰常常被简化，只是有不同的表现。此椅将子母螭龙纹简化为单条螭龙。

各种黄花梨圈椅牙板上的螭尾纹与靠背板上的螭龙纹上下呼应，成为一种固定的组合形式。

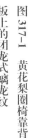

图 317-1　黄花梨圈椅靠背板上的团龙式螭龙纹

图 317　清早期　黄花梨螭龙纹圈椅

长 59.5 厘米　宽 45.5 厘米　高 100 厘米

（选自洪光明：《黄花梨家具之美》，南天书局有限公司）

3. 黄花梨螭龙纹圈椅

黄花梨螭龙纹圈椅（图 318）靠背板选材精良，其上端开光内雕左右对称子母螭龙纹，双首相对的大螭龙大嘴怒张，其下面的草叶形螭尾纹代表着简化的小螭龙。

由于靠背板开光的空间限制，各类椅子开光中的螭尾纹的处理呈一种活性形态，式样多变，主要表现为各种各样的变体简化。正面壶门牙板上雕螭尾纹，合乎常规，代表"子母螭"之意。侧面牙板为洼堂肚式。

图 318　清早期　黄花梨螭龙纹圈椅

长 61 厘米　宽 45.5 厘米　高 99 厘米

（北京元亨利艺术馆藏）

4. 黄花梨螭尾纹圈椅

黄花梨螭尾纹圈椅（图319）椅圈三接，无联帮棍，这是一种相关的配置。如果是五接之椅圈，应以联帮棍支撑扶手的一截。但其无联帮棍并不能证明其年代偏早，很大可能这与地域相关。靠背板开光偏大，其中雕变异草芽纹（图319-1），为螭尾纹之再简化，尤其表明年代之晚。所以说，并非所有的无联帮棍之椅都是到明代的。

横牙板上的螭尾纹与靠背板开光中螭尾纹简化体基本一致。牙板上螭尾纹进一步之简化，也表明年代更晚。此椅偏高又偏短窄，座下横竖牙板均偏宽大，这些均有失尺度。

图 319-1　黄花梨圈椅靠背板上的草芽纹

图 319　清早中期　黄花梨螭尾纹圈椅

长 56 厘米　宽 46.5 厘米　高 105.5 厘米

（故宫博物院藏）

5. 黄花梨方开光圈椅

黄花梨方开光圈椅（图320）靠背板上，开方形委角开光（图320-1），内雕麒麟纹。相对常见的壶门式开光，方形开光是变化体。而在座下部的横牙板上，卷草纹左右端有硕大显眼的回纹，也表明其偏晚的年份。

方开光、回纹两个晚出符号合为一体，强烈地表现出一个"晚"字，此椅为清早中期制造。

图320-1 黄花梨圈椅
靠背板上的方开光

图320 清早中期 黄花梨方开光圈椅

长59.1厘米 宽44.4厘米 高99.1厘米

（佳士得纽约拍卖有限公司，1996年9月）

6. 黄花梨双开光圈椅

黄花梨双开光圈椅（图321）靠背独板上，雕饰变化更大，有两组华丽的图案，上面一组壶门式开光内雕对称的双螭龙纹，与其中间的螭尾纹共同组合为子母螭龙纹。下面的方开光中，寿字纹（图321-1）居中，上方一大一小螭龙相对，下方为回首螭龙，共同组合为子母螭龙纹。这里的寿字已为拐子状，呈螭龙体寿字向美术体寿字过渡形态。

座盘下券口横竖牙板上雕拐子纹，为卷草形螭尾纹的演变形态。明式家具椅类的狭小牙板空间上基本难见完整的螭龙纹，常常雕卷草形螭尾纹代表其意。或有年代偏晚者，雕有拐子式螭尾纹。

此椅靠背板上的螭龙纹变异程度较高、牙板上成组的拐子纹都对椅子偏晚的年代作了最好的诠释。

清早中期以后，在圈椅的各个构件上，出现不拘一格的变化，浓墨重彩的雕饰越发强烈。

图 321-1　黄花梨圈椅靠背板上的寿字纹

图 **321** 清早中期 黄花梨双开光圈椅

长 61.5 厘米 宽 48 厘米 高 99.5 厘米

（广东留余斋藏）

7. 黄花梨螭龙纹圈椅

黄花梨螭龙纹圈椅（图 322）靠背板为攒边打槽装板三段式，其上段雕变体壶门式开光，其间雕两条张嘴大螭龙，迎面相对，其下为卷草形螭尾纹，左右各自成为变体的子母螭龙纹（图 322-1）。

座盘下的券口边缘形成委婉飘逸的对称形曲线。牙板上有分心花，其上雕左右对称卷草形螭尾纹（图 322-2）。

三段式靠背板、靠背板上变异的子母螭龙纹、牙板上的分心花和变异性极强的螭尾纹，表明此椅年代偏晚，为清早中期。

图 322 清早中期 黄花梨螭龙纹圈椅

长 61.5 厘米 宽 47.7 厘米 高 103 厘米

（北京翰海拍卖有限公司，2009 年秋季）

图 322-1 黄花梨圈椅靠背板上的子母螭龙纹

图 322-2 黄花梨圈椅牙板上的螭尾纹

8. 黄花梨螭龙纹圈椅

黄花梨螭龙纹圈椅（图 323）的牙板、牙条、角牙上，大量装饰出尖的花牙纹，成为花牙条、花牙板，以加饰增华。如后腿上部双侧嵌宽大的花牙条、扶手出头下置长花牙条、四腿间券口饰肥大花牙板、管脚枨下置花牙条。各种牙条边缘的宽大阳线更强化了花牙的视觉感受。

牙板、牙条上的草芽纹都证明此椅年份偏晚。靠背板为攒边打槽装板三段式，其上段高浮雕成对螭龙纹和成对螭尾纹，螭尾纹上衍生宝塔形花苞。

牙板上有分心花。牙板、牙条、角牙上均浮雕草芽纹，实际是草芽式螭尾纹，草芽式螭尾纹表明明式家具末期的螭尾纹上存在着强烈的简化现象。

此椅以增加花牙条造成秾丽之风格，匠心独运，是"明式家具观赏面不断加大法则"的体现。但是同时，各个牙板、牙条和靠背板上简化后的草芽纹饰表明，在器物整体观赏面增大的同时，纹饰有时又会是简化的。

图 **323** 清早中期 黄花梨螭龙纹圈椅

长 61.5 厘米 宽 49 厘米 高 100.5 厘米

（故宫博物院藏）

9. 黄花梨螭龙头纹圈椅

黄花梨螭龙头纹圈椅（图324）形态极为特殊，是圈椅中的个例，但由此可见当时制作者对子母螭龙纹的关注和形式的创新。

其扶手出头上雕变体螭龙头（图324-1）为螭龙吞扶手设计，大材圆雕。其下牙角雕小螭龙，亦成圆雕状。两者构成苍龙教子寓意。在行业内，此纹被俗称为"猴头纹"。这和"狮头虎脚"称法一样，是望形生名，名实不副。明式家具上的兽面纹基本都是螭龙纹，不会无缘无故地跑出其他的兽纹来。

联帮棍圆雕花瓶纹，取太平之意。靠背板三段攒框，上段透雕云头纹，下段为亮脚。

此椅用材粗硕，圆雕、透雕技法并现，尤其是扶手出头的圆雕做工，不同凡响。

后腿上部前曲，也是偏晚年代的变化形态。靠背板上透雕云纹。

尽管在明万历王锡爵墓中，洗脸盆架中牌子上已见到云头纹，且有木珠与左右开光相连，但谁敢以彼纹的年代为此纹断代呢？柴木家具与黄花梨家具的确存在着不同步性。各是两个子文化系统上的器物，不能简单机械比附年代。

图 324　清早中期　黄花梨螭龙头纹圈椅

（长 69.8 厘米　宽 50.9 厘米　高 112.4 厘米　佳士得纽约拍卖有限公司，1997 年 3 月）

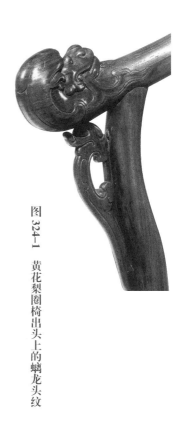

图 324-1　黄花梨圈椅出头上的螭龙头纹

图 325　清早中期　黄花梨螭龙纹圈椅（摹本）

长 63 厘米　宽 45 厘米　高 103 厘米

（故宫博物院藏）

10. 黄花梨螭龙纹圈椅

黄花梨螭龙纹圈椅（图 325）靠背板上下满雕螭龙纹，极为夺目。两条大螭龙身尾婉转摇曳，充满动感。螭龙面部呈现一种新的形象，螭龙侧正面，头部庞大，眼睛突兀，獠牙外露，有角。大螭龙四周饰以变形符号，代表简化的小螭龙。小螭龙这般缩小，也是为给大螭龙形象提供更大的展示空间。它们共同构成子母螭龙纹。椅圈出头圆如象棋棋子，这也是一个具有年代标志的细节符号。

以上几例圈椅是明式家具装饰主义盛行时期最强悍的代表作，其错彩镂金之貌、富贵华丽之态，傲视同侪。这也可以看成是"观赏面不断加大法则"下，匠师们对圈椅装饰瓶颈的最后冲击。

此后由于"板条式"椅子靠背的终极限制，观赏面不断加大法则难以进一步施展拳脚，从而导致椅式的一场革命，新型的屏风式扶手椅在清中期磅礴而生，从而极大地打压了圈椅以及四出头官帽椅、南官帽椅的制作空间。

此后，圈椅在家具激变的大潮中，逐渐由主流变为边缘。这种传统的款式只消费于小众人群中，但它在细部上一定是带有清中期以后的时代烙印。

11. 黄花梨博古纹圈椅

　　黄花梨博古纹圈椅（图326）靠背板上的纹饰不同以往，三段式靠背板上段雕双螭龙纹。中段雕山石盆景、灵芝、花瓶和干枝梅。这类纹饰泛称为"博古纹"，一般均雕有花瓶，取太平之意。

　　博古纹的出现是纹饰设计创新的表现，同时也表明此椅年代已入清中期。

　　其扶手出头扁圆，形如棋子，它出现在清早中期，在清中期、清晚期圈椅出头上常常见到。

图 326　清中期　黄花梨博古纹圈椅

长 59 厘米　宽 44.5 厘米　高 98 厘米

（香港两依藏博物馆藏）

（二）扶手出头罗锅枨型

1. 黄花梨罗锅枨矮老圈椅

黄花梨罗锅枨矮老圈椅（图327）完全光素，不但无雕，靠背板两侧也无锼镂花牙。这一点恰恰不同于上一类型圈椅的特点：座下为壸门式牙板，靠背板两侧每每有花牙装饰。

靠背板为两弯形。座盘下罗锅枨上接矮老。罗锅枨加矮老与座盘的连接，有两种式样，一种是矮老直接于座盘大边和抹头上，另一种是矮老上有横枨支撑座盘大边、抹头，此椅属前者。

图327 明末清初 黄花梨罗锅枨矮老圈椅

长58.4厘米 宽45.6厘米 高97.8厘米

（佳士得纽约拍卖有限公司，1997年9月）

2. 黄花梨罗锅枨矮老圈椅

黄花梨罗锅枨矮老圈椅（图328）整体形态与上例圈椅大致相同，唯两处有异，一是座盘下罗锅枨矮老上加横枨，与座盘边抹相接。二是前管脚枨和两侧管脚枨下以罗锅枨相抵，这两个特点均是明式家具末期发展出来的。

图328 清早中期 黄花梨罗锅枨矮老圈椅

长 59.5 厘米 宽 49.5 厘米 高 98 厘米

（选自美国明代家具公司：《中国古典家具图册》）

（三）扶手出头洼堂肚牙板型

1. 黄花梨洼堂肚牙板圈椅

黄花梨洼堂肚牙板圈椅（图329）券口牙板为洼堂肚式，靠背板三弯，其上壶门式开光内雕子母螭龙纹（图329-1），开光在背板上的比例略微显大。

扶手出头为圆棋子式，这个特点与洼堂肚牙板的偏晚年代相合。

图329-1　黄花梨圈椅靠背板上的子母螭龙纹

图329　清早中期　黄花梨洼堂肚牙板圈椅

长 59.3厘米　宽 45.2厘米　高 99.8厘米

（选自侣明室：《永恒的明式家具》，紫禁城出版社）

（四）扶手出头直牙头型

1. 黄花梨三段式靠背板圈椅

黄花梨三段式靠背板圈椅（图330）是椅中特殊款式，形态不同凡响，在造型及年代断定上具有特殊意义。

此椅构件上有年代偏晚的表现，一是靠背板三段，上段开光造型是壸门式与鱼洞门式的结合体，二是扶手为圆棋子状，故其年代定为清早中期。

其靠背板后旧髹黑褐漆，对于攒边打槽装板三段靠背的构件是否为原档的判断具有参考价值，同时可以确定此件家具为苏作。管脚枨为"低、高、低"式。座盘为软编活屉。

此椅造型优美，后腿挓度大，椅圈曲线飘逸，扶手低，搭脑高，三弯鹅脖后移，显出扶手的出头修长而前倾，整个器物为之富有动感，充满弹性。

鹅脖移后的空间上下填补以角牙，加强了力学支撑和装饰。无联帮棍。尽管各个构件细巧，但靠背板较为宽大，正视之，椅壮硕而安稳。椅圈三段，用材颇巨。

此椅的审美匠心与制作完成堪称上佳。各构件进退自如，增损得当。与其赞叹巧匠之能，不如将其看做是操作层面背后的匠学逻辑之杰出，好的匠作空间处理法产生好的木匠身手。

此圈椅光素无琢，但诞生在明式家具的最后时段，它以另一种简洁的形式表现了明式家具高峰时期的作品之美，令人玩味不已。这种无雕饰的作品属于明式家具发展的第二轨迹，此类作品往往也有令人意想不到的审美韵致。

（五）扶手出头束腰型

1. 紫檀束腰圈椅

在各类圈椅中，紫檀束腰圈椅（图331）算是异数，有束腰，膨牙鼓腿，它貌似上下体结构，实际前后腿上下均为一木连做，构件上有多个方向的榫眼（图331-1，可见现代仿品中的前腿样品）。它在结构设计、制作上更是远难于一般圈椅。腿足上直下弯的形式，在用材上极豪奢，亦是求变增华的工艺表现。

此椅还有另一个重要特点，增加大量透雕的卷草纹角牙，多处对称出现。靠背板四角、扶手外侧、扶手下、四腿内侧，一切可以装点处均加角牙。其整体风格绮丽繁复，雍容华贵，彰显明式家具顶峰期圈椅装饰之花的茂盛。

此圈椅以及前面谈到的黄花梨四出头官帽椅（见图285、图308），可见有束腰椅子问世之初，它们的前后腿仍是上下一木连做。表现了当时求多思变的设计趋向。

图 **330** 清早中期 黄花梨三段式靠背板圈椅

长 61.6 厘米 宽 43.9 厘米 高 91.8 厘米

（山东鲁作家具博物馆藏）

图 331-1　紫檀圈椅的前腿

（苏州某家具厂仿品示意图）

图 331　清早中期　紫檀束腰圈椅

长 63 厘米　宽 50 厘米　高 99 厘米

（故宫博物院藏）

这些椅子是清式有束腰扶手椅的先声，它追求鼓腿，所以要有束腰。它们是一种突变，是未来清式家具有束腰座椅的滥觞，是新式样的探求者。尽管最后，其整个式样没有传承下去，但试验性作品的意义仍在。

当有束腰的清式扶手椅真正大规律来临时，前后腿上下便可分了，椅子下部趋于直腿化，上身变为屏风化。

椅类面临着由明式向清式的巨大转变时，形式剧烈地变化，大胆地尝试变化表现为夸张地增大观赏面。

紫檀有束腰圈椅仍是明式椅类的廓形，又是清式有束腰上下体椅子的结构。它颠覆了传统椅子的结构，层次分明而又曲折跌宕，极为难得。

紫檀有束腰圈椅作为最豪华讲究的圈椅传世品，是明式家具进入鼎盛时期的圈椅经典，其当代的仿品现在已深入千家万户，多少仿古家具厂将其作为圈椅的保留款，年复一年地生产，成为被仿制最多的明式家具。这也颇有启发性：当代人最喜爱的仿明式家具是此种装饰华美、结构繁复的作品。

家具设计和评估中，功能的舒适和形式的美感是两个无时不被谈论的一对双胞胎。在现实主义语境下，功能舒适似乎是无可动摇地被肯定的。但是无论古典还是现代，某些使用的或象征性使用的家具（先不论是否是宫廷用）重器，其形式美感、社会含义又常常超越了单纯的功能舒适。此时，华美的审美感受和富贵之社会观念又往往是第一位的，常常大于功能舒适的要求。

从整体评断上，家具制作要合乎人体工程学的尺度适用性，但谁也不应排斥和指责有些家具在不背离这种基本尺度的同时，具有更多的形式美。只在使用功能上画地为牢，将丢掉太多其他的风景。正如美丽的服饰不仅仅是保暖，考究的建筑绝非仅仅是为了居住一样。

此椅穿越数百年，成为当代无数明式家具爱好者的最爱，其中最重要的原因是它奢华而有度。因其原样出于故宫博物院，业界约定俗成称之为"皇宫椅"。但是，也可以看到，某些同时期的加有束腰的四出头官帽椅和圈椅不胜其烦地增加雕饰，加入过多构件，作品因比例失调而失败，因赘冗而品格不高。

（六）扶手出头仿竹节型

1. 黄花梨竹节纹圈椅

黄花梨竹节纹圈椅（图332）基本框架一如常规圈椅，旧的款式余音强劲，但其一些新增构件和仿竹节纹等变化的小符号标志着其年代的巨大变迁。仿竹节纹这一项就"一票肯定制"确定了作品已进入清中期。

靠背板为三段式。上段四合如意纹，其中间又斗合螭龙纹（图332-1），这是少见而晚出的式样。中段落堂镶瘿子木板，下段亮脚处横平竖直地攒接罗锅枨。

前腿和后腿上部各附有半垛边式角牙，管脚枨下加罗锅枨相抵。相类似的这样构件也在其他家具上出现过，彼等家具均有年份偏晚的特征。从大量实物看，仿竹节纹家具上基本都带有年代很晚的特征。

仿竹节纹家具是明式家具尾声以后的产物，此时已进入清式家具时代，故它可称为是"后明式家具时代的器物"。

图332-1　黄花梨圈椅靠背板
上段的螭龙纹

图332　清中期　黄花梨竹节纹圈椅
长62.2厘米　宽48.3厘米　高97.8厘米
（选自美国旧金山工艺和民间美术馆：《中国古典木质家具》）

（七）扶手不出头罗锅枨矮老型

扶手不出头型圈椅与扶手出头圈椅不同，其椅圈扶手与鹅脖斜角对接，个别为烟袋榫式。它普遍矮于扶手出头圈椅。罗锅枨矮老式为扶手不出头圈椅中的主体，实物最多。

1. 黄花梨扶手不出头圈椅

黄花梨扶手不出头圈椅（图333）三接椅圈与鹅脖相交，无联帮棍。整体造型以椅身上部线条的委婉曲折为亮点，椅圈两侧先内收，再微微外张与微曲的鹅脖对接。靠背板上小下大，大小差应在1.5厘米以上，这一点对于任何一把椅子都极为重要。其上花纹呈山水纹状，用料上乘。

座盘下为罗锅枨加矮老，构件精简，呈线性化，颇富空灵和流动之美。靠背板三弯（图333-1），后倾角度较大。后腿亦微弱前倾，整个椅体上部充满着圆曲的线条。而且整个空间造型上部为封闭的半圆形，下部为方形，形成方圆对比，具有稳定的空间感。罗锅枨与矮老位置节奏均匀而紧凑。

图 333 明末清初 黄花梨扶手不出头圈椅
长 61 厘米 宽 53.2 厘米 高 88.2 厘米
（选自德国科隆东亚艺术博物馆：《极简之风——霍艾藏中国古典家具》）

333-1 黄花梨圈椅的三弯形靠背板

明式家具各时期不出头圈椅的的形态如下：

1.明晚期，大量的明代万历朝间刻本中，可见扶手不出头圈椅，如明万历刻本《忠义水浒全传》版画插图中的扶手不出头圈椅（见图316）。此时扶手不出头圈椅实物的形态应是无联帮棍，全身光素。

2.明末清初，不出头圈椅整体简朴，略发修饰，无联帮棍或增加了联帮棍。

3.清早期，靠背板或其他部位出现雕饰图案，或形态有所变化。造型和雕饰图案均呈变化后的时代特征。

不出头圈椅制作时间穿越数百年，至清晚期，还有相当多的红木制作。在设计上，如以当代极简主义的观念看，不出头圈椅更符合现代主义的理念，更功能化，线条更简练。同时，也更具有线的连续性和流动感。

不出头圈椅整体形态的确具有相当强的当代性，放眼当今"新中式"家具的制作，所有带椅圈者几乎都带有此类椅子的遗传因子。

由这些"新中式"圈椅的观察，启示笔者得出这样的结论，新中式家具须有两大要素，一是传统的框架、原型或符号，二是现代的审美和时尚感。前者为"中"，后者为"新"。

2. 黄花梨海棠形开光圈椅

黄花梨海棠形开光圈椅（图334）椅圈曲线波折而饱满，扶手处有三弯变化，并与前腿鹅脖圆滑格角相接。

靠背板为S式三弯形，其上的海棠形开光（图334-1）为壶门形开光的变异体，内雕单体团龙形螭龙纹。这种海棠形开光表明其年代较晚。座盘下，以罗锅枨加矮老支撑座盘和四足。

此类圈椅之美表现在椅圈与鹅脖交接区域的弧线，上下左右变化微妙，静态中似有微微摇动之感。

图334-1 黄花梨圈椅靠
背板上的海棠形开光

图334 清早中期 黄花梨海棠形开光圈椅
长65厘米 宽47厘米 高98厘米
（佳士得纽约拍卖有限公司，1997年9月）

3. 黄花梨螭龙寿字纹圈椅

黄花梨螭龙寿字纹圈椅（图335）在器物发展序列上，显而易见为上例的发展型，背板上壶门式开光加大，其中两个相对之螭龙中间为菱形纹饰，呈异变之态。

再者，座盘下四面加攒框扇活，前面攒框中，两矮老三分空间。其中间为螭龙形寿字纹卡子花，两侧攒框中各置变体回纹卡了花。这种攒框方式和构件的增加表明此椅制作年代的进一步推延。

此椅最明确地说明，后来者往往是要通过增加新元素来突破旧的式样。尽管结果今天看来，并不一定令人满意，但当时的制作逻辑是求发展、求变化的。

图335 清早中期-清中期 黄花梨螭龙寿字纹圈椅

长 56 厘米 宽 46 厘米 高 98 厘米

（浙江宁波私人藏）

4. 黄花梨四段式靠背板圈椅

黄花梨四段式靠背板圈椅（图336）正面、侧面曲线多变，多处设计不同常规。

扶手与鹅脖交接处强烈前突而回转，上刚下柔，而且外撇，富于双向动态。三弯形靠背板攒为四段，上段海棠形的开光由壸门式变异而来。腿间高罗锅枨让线的流动感再下一城。后腿上端饰圆棍式角牙，增加了后腿上的曲线感。

此椅是不出头圈椅中修饰感最强的一款，可谓曲线的交响，动感的合唱，突显了线条灵动疏透的美感，同时还有威武之气。

以上诸点均呈现较大的发展变异形态，椅子上未显示任何雕刻工艺，但依然华美高贵，表现出明式家具第二发展轨迹上杰出器物的光彩。

一般黄花梨不出头式圈椅的美感逊于出头者。而此对椅子不逊于优秀的出头圈椅，可谓春兰秋菊，各有妙处。扶手与鹅脖烟袋榫相接，要求精确，难度胜于一般的出头扶手圈椅。

在不出头圈椅的定式中，它开出一条新路，又如此成功，的确是难能可贵。此椅不同凡响，呈现出太多的变异形态，年份自然偏晚，为清早中期或更晚。

图336　清中期　黄花梨四段式靠背板圈椅

长 61.1 厘米　宽 46 厘米　高 94 厘米

（选自叶承耀：《楮檀室梦旅：攻玉山房藏明式黄花梨家具 I》，香港中文大学文物馆）

5. 黄花梨竖棖靠背圈椅

黄花梨竖棖靠背圈椅（图 337）整体廓形与上两例黄花梨扶手不出头圈椅（见图 333、图 334）大致相同，不同处是其靠背上置三条竖棖。这种线材给人以空透、轻灵之感，是靠背板材所不具备的。扶手下为两根联帮棍，后腿上部微弯。从侧面（图 337-1）看，靠背竖棖为弯曲度极大的三弯形，更助此椅曲线的表现力。

清早中期后，一些家具向雕刻化、屏风化发展。但同时，某些不使用雕工的家具上，流行竖棖式样。此式样又称为笔杆式、梳背式。

在审美上，一些元素有条理地反复、交替或排列，使人在视觉上感受到动态的连续性，就会产生节奏感，从而冲击人们的视觉，令人产生愉悦的心情。竖棖椅就创造了这种审美。

图 337-1　黄花梨圈椅侧面

图 337　清早中期　黄花梨竖棖靠背圈椅
长 62.9 厘米　宽 58.4 厘米　高 90.2 厘米
（选自安思远：《洪氏藏木器百例》）

扶手不出头圈椅的上半部形态委曲多变，这是观察其设计审美的重点，由此还可以观察到包括扶手不出头圈椅在内的各类型椅子曲线流动感的设计。

在设计上，扶手出头圈椅有一种向外的张力，给人视觉动感。与其相比，不出头圈椅设计感似乎逊色一些。但扶手不出头圈椅可探究之处不少，尽管它实物较少。

在实用上，不出头圈椅可以放在桌案前使用，而出头扶手椅在这方面有局限性，起坐移步时，出头挂扯衣服，磕撞身体。不出头圈椅注重鹅脖与椅圈扶手接合处多变而微妙的曲线，更是可贵的设计亮点。其扶手处呈S式三弯形，鹅脖再呈S式三弯形。椅圈上多重的、对称的S式三弯形蜿蜒曲折，大视野上呈现出优美的多弯曲线。椅子俯视、侧视、正视均是如此。其上体曲委有致，线条简练多变，如果比附现代设计，也可称为"流线形"，这也正是其雕塑感之所在。

现代主义设计师们也创作过风靡全球的圆椅、圆扶手椅，但它们在微妙的曲线营造上大多缺失，过度强调极简与平直，一切变化和对比均遭摒弃。穿越年代，中西两者对比，不出头圈椅之妙弥为可贵。

罗丹有句名言："希腊雕塑是四个面，文艺复兴的雕塑是两个面。"这里所言四个面即是四个弯，是指希腊的男神、女神们的雕像从头到足的扭动是四弯形。四弯形曲线流动舒缓，富于稳定和含蓄，恰恰是古典艺术的追求。这一点中西共通。此类的曲弯、转折、对比、变化和韵律感、节奏感，在明式家具椅子上处处可见。

现代主义恰恰是另一极端，"如果说罗丹还是从人体体积的大的转折来体会的话，那么到后来，则把体积的因素孤立起来，强调到绝对的地步。把世界上的一切形体纯粹归纳为明确的几何体，长的、方的、圆的、扁的等等"。[1]

即使是最简洁的明式家具和现代主义家具也分别体现着两种时空的两种价值观，命里带给它们不同的审美旨趣，呈现不同的形式追求。它们均是简洁的结构，没有多余的装饰构件和装饰图案，但似是而非，实质截然不同。

这种舒展优美的多弯形椅圈与四四方方形态的矩形家具相比较，让人想起西方设计史一个著名的设计案例，即对美国上世纪30年代生产的西电302电话机与此前欧洲生产的包豪斯电话机的优劣的评判。1937年，著名工业设计大师亨利·德雷夫斯设计了举世闻名的西电302电话。其机座由下向上呈弧形上收，长形的电话柄充满浑圆感，整个形态具有雕塑感和流线感，成为风靡一个时代的设计杰作。而此前欧洲包豪斯风格的电话机是四方体加长方体，看起来就仅仅是一个四四方方电话机架子罢了。

---

1 钱绍武：《雕饰与美》，《美学讲演集》，北京师范大学出版社，1981年。

6.黄花梨竹节纹圈椅

黄花梨竹节纹圈椅（图338）全身用料粗硕，雕竹节纹。除保持了不出头圈椅的典雅优美之外，以更多的工艺和纹饰锦上添花。此椅增加的审美元素如下：

椅盘下垛边裹腿，下有罗锅枨加矮老，使椅子中部结实饱满，腿下则以罗锅枨抵圆裹圆管脚枨。这些在视觉上形成多重的厚重感。

靠背板上中下三段中，图形变幻，上段中拱圆环，四角为弧形角牙，上加结子与圆环相连。中段为三根竖棂，加上外框，为五条竖棂形态，其上的四道横向仿竹节纹规律成行，与上段的圆形变幻恰成对比。下段亮脚上置变异的罗锅枨。

此椅纹饰上费尽心力，为上乘之作。各组纹饰的相异性、变化性、对比性，在此件家具上触目可见。在繁复的纹饰中，变化与对比提升了设计制作的品格。

相异性、变化性强的作品是与时光的变迁相关联的。此椅的结构和纹饰明确表明其已为清中期之作，尤其是靠背板上段的结子式结构，在明式家具中从未见过，此类作品属于后明式家具时期的器物。

图 338　清中期　黄花梨竹节纹圈椅

长 59.1 厘米　宽 47 厘米　高 94 厘米

（苏富比纽约拍卖有限公司，2016 年 3 月）

（八）扶手不出头壶门牙板型

1.黄花梨壶门牙板圈椅

黄花梨壶门牙板圈椅（图339）委婉的三弯形扶手与微微三弯的前腿鹅脖相接。

靠背板开光中，雕饰左右对称螭龙纹，中间为螭尾纹，这是清早期靠背板上常见的子母螭龙纹形态。

座盘下，正面为壶门牙板券口，横牙板上雕螭尾纹，侧面为洼堂肚牙板，四腿有挓，椅子整体有上耸的动感。

图339　清早中期　黄花梨壶门牙板圈椅
长 62.2 厘米　宽 58.2 厘米　高 103 厘米
（选自罗伯特·雅各布逊·尼古拉斯·格林利：《明尼阿波利斯艺术馆藏中国古典家具》）

（九）扶手不出头攒接券口型

1. 黄花梨攒接券口圈椅

黄花梨攒接券口圈椅（图340）扶手与鹅脖各自三弯，相接合成逶迤的曲线。上部带有早期不出头圈椅的特征，无联帮棍。但其也有明显的年份晚的表征，一是座盘下正面、侧面上，圆材攒接的券口左右角为委角（图340-1），露出两个三角形空间。二是管脚枨下以圆材罗锅枨相抵。罗锅枨两端上的空白与券口上的三角形空间相映成趣。

这两种做法也见于明式家具末期的各种椅凳制作中。借此，也可再次说明明式家具上，某些早期形态与晚期形态是共存的，其年份的判定一定是以晚者为准。

本椅样式极其优美而简练，不可多得。它也能给人这样的启示，即某些简洁式样的椅子制作年份也会较晚。明式家具末期也有简约之作，它们属于明式家具第二发展轨迹上的作品。这种式样的改变，其得失美丑，可能又是见仁见智。

图 340　清早中期　黄花梨攒接券口圈椅

长 70 厘米　宽 47 厘米　高 93.5 厘米

（选自马克斯·弗拉克斯：《中国古典家具私房观点》，中华书局）

图 340-1　黄花梨圈椅座盘下券口的委角

图 341-1　黄花梨圈椅扶手与鹅脖交接处

（十）扶手不出头马蹄足型

1. 黄花梨马蹄足圈椅

黄花梨马蹄足圈椅（图 341）座盘下有横枨，非为牙板。它与四腿形成方框结构，承受力强于座下嵌牙板做法。此类构造和设计在其他椅类上也有发现，但为数不多，应属某地匠作的特殊作工，而且年份偏晚。

其足部挖出马蹄，不同于绝大多数椅类的直腿，这也是年份偏晚的做法。其鹅脖退后，而非与前腿一木连做。扶手与鹅脖相交处（图 341-1）以角牙相托衬。无联帮棍。

扶手与鹅脖相连的形态与黄花梨四段靠背板式圈椅（见图 336）相近，进一步可以认定其年份偏晚。

图 341　清早中期　黄花梨马蹄足圈椅
长 55.5 厘米　宽 42.6 厘米　高 86.5 厘米
（原美国加州原中国古典家具博物馆藏）

四、南官帽椅式

南官帽椅大致有高式和矮式，高式者有头枕搭脑型、罗锅枨搭脑型、搭脑两端装牙头型、马蹄足型等，矮式者有搭脑两弯型。

（一）头枕搭脑壶门牙板型

此类南官帽椅之搭脑中间高宽，削平如枕，称为"头枕"。经典的头枕搭脑型南官帽椅大多具有完美的比例、尺度和微妙的三弯形构件。后腿三弯、靠背板三弯、扶手三弯、鹅脖三弯、椅盘下牙板为壶门式曲线。这种广泛的曲线结合，成就了本类椅子的优雅。

南官帽椅最见制作功力处在于搭脑的婉转变化，搭脑形态委婉变幻的成功与否决定了整椅好坏的半壁江山。其简素与修饰、方与圆、曲与直、凹与凸的对比，恰到好处，令今人每每叹服，玩味不尽。这是多少代人，父子师徒，年复一年的推敲和切磋的结果。它们是明式家具发展漫漫长路中逐渐形成的一个程式化、典范化作品。

1. 黄花梨南官帽椅

黄花梨南官帽椅（图342）搭脑正面看，中间高起两端平直。侧面视之，搭脑头枕处（342-1）显著外突，曲线优美，形态婀娜，代表此类椅子搭脑后侧的基本造型。此种后突的头枕在众多的四出头官帽椅、南官帽椅上普遍存在。搭脑与后腿以烟袋锅榫相接，这是此类南官帽的固定范式。

座盘下正面为壶门牙板券口，侧面为直牙板券口。

图342-1 黄花梨南官帽椅的搭脑的头枕

图 342 明末清初 黄花梨南官帽椅

长 60.5 厘米 宽 49.5 厘米 高 116 厘米

(广东留余斋藏)

2. 黄花梨南官帽椅

黄花梨南官帽椅（图 343）搭脑头枕平缓宽大，呈现出八字形脊线，并缓缓向两端过渡。比较常规而言，此椅上身略显短了一些。座盘下牙板的波折起伏，与搭脑曲线相呼应，使其具有常规性南官帽椅所没有的活跃感。常规性南官帽椅更多带有肃穆之态。

椅子上部的多个构件，如搭脑、扶手、联帮棍、鹅脖、靠背板均呈三弯形。加之座盘下牙板的委婉曲线。整体给人蜿蜒流动的视觉，合乎传统审美。它们同向与反向、纵向和横向相互交错，一条条流畅的曲线，将光素器物的线条美能量发挥到至极。

下腿为方材，后管脚枨大大高于前面的三个管脚枨。这种式样也不同常规，但有少数的实物存量。

图 343　清早期　黄花梨南官帽椅

长 59.8 厘米　宽 47.2 厘米　高 105 厘米

（香港退一步斋藏）

3. 黄花梨南官帽椅

黄花梨南官帽椅（图344）的搭脑制作极为典范，头枕旁有八字形脊线向两侧伸沿，形成了起伏和对比，突显搭脑的上下起伏感和搭脑枕头立面上多种圆润的曲线。

图 344　明末清初　黄花梨南官帽椅

长 62 厘米　宽 54 厘米　高 117 厘米

（选自中国国家博物馆：《简约·华美——明清家具精粹》，中国社会科学出版社）

4. 黄花梨螭龙纹南官帽椅

黄花梨螭龙纹南官帽椅（图345）突出的特点为靠背板上的圆开光，开光内嵌楠木正面螭龙纹。此类正面螭龙纹行家俗称为"猫脸螭龙纹"。螭龙纹（图345-1）口中衔一只灵芝。整椅高大，座面下壸门牙板中间雕草芽纹，两端雕变异的螭龙纹，竖牙板上雕卷珠纹。

以上所有的符号都是追求变化的产物，同时，表明其年代偏晚。

有行家认为，在靠背板上嵌其他木质的纹饰，有时是为弥补背板上的瑕疵。按照常规，不会平白无故地加上一块其他木质的图案。如果开出料后，发现此处有"伤病"，便补盖上一块其他木头，化腐朽为神奇。

图345 清早中期 黄花梨螭龙纹南官帽椅

长 59.1 厘米 宽 44.5 厘米 高 120.6 厘米（佳士得纽约拍卖有限公司，2012 年 3 月）

图345-1 黄花梨南官帽椅靠背板上的螭龙纹

图 346 清中期 黄花梨四段式靠背板南官帽椅（长 60 厘米 宽 46.5 厘米 高 109 厘米 故宫博物院藏）

5.黄花梨四段式靠背板南官帽椅

黄花梨四段式靠背板南官帽椅（图346）是清中期之器，仔细观察其各构件的形态，对于理解年代偏晚的黄花梨南官帽椅有所帮助。

进入清中期后，椅类以上下身可拆分的扶手椅为主流，并且多有雕饰。但是，在此时，传统的椅子式样，如南官帽椅、四出头官帽椅、圈椅、玫瑰椅的制作并未戛然而止。尽管它们已逐渐成为非主流，但仍然生产，只是匠人们会有所改进设计，在旧的框架中，增加新的视觉元素。此椅就是其中的一个例子，它在诸多细部上呈现出独特的面貌。

1. 搭脑中间一段高起且向后弯曲，正视、俯视均呈罗锅枨式样。高与低、平与圆之变化形成新样式的起伏和对比。

2. 靠背板成为四段式也是显著的变化。第一段上镂挖壶门式开光，中间为云纹，第二段上浮雕螭龙体寿字纹，第三段上镂双云纹式鱼门洞。第四段为亮脚。

3. 三弯形扶手与三弯形鹅脖以烟袋榫相接，无联帮棍，但以横枨连接前后，横枨与座盘之间加矮老。

4. 座面为硬屉，落堂做法。

5. 座盘下为壶门式牙板券口。横竖牙板上均雕丰满的螭尾纹。

由此例可归纳，搭脑变为罗锅枨者、靠背板四段者、前后腿上截连以横枨者、落堂座面者等，年代均较晚，属清中期。

（二）头枕搭脑直牙板型

1. 黄花梨直牙板南官帽椅

黄花梨直牙板南官帽椅（图347）搭脑曲线跌宕，中间头枕高平，两端成为三弯形圆柱状，曲线委婉，起伏有致。

两椅靠背板为一木所开，花纹变化丰富，如水波流动，间有扭转盘结。靠背板上收下放，有1.5厘米左右之差，视觉效果极佳。椅子上部各构件均为三弯构成，曲线组合完美。椅子腿间为直牙板券口。

明式家具中的各类椅子的靠背板下端宽度应大于上端宽度1.5厘米至2厘米左右。如此，视觉上是舒适的。这样的数据就是明式家具的黄金尺度。

图347　明末清初　黄花梨直牙板南官帽椅

长59.2厘米　宽45.7厘米　高117.7厘米

（北京元亨利艺术馆藏）

2. 黄花梨直牙板南官帽椅

黄花梨直牙板南官帽椅（图348）形态上挓度明显，上小下大。靠背板亦然，上窄下宽。整椅用材宽大，增强了椅子的力量感。搭脑上头枕扁宽而高耸，超越常规。头枕两端为圆柱体，弯曲较大，端部高挑，复以烟袋榫与两后腿相接。座盘下为直牙板券口。

图 348　明末清初　黄花梨直牙板南官帽椅

长 60.5 厘米　宽 46 厘米　高 121 厘米

（选自马克斯·弗拉克斯：《中国古典家具图册 I》1997）

3. 黄花梨直牙板南官帽椅

黄花梨直牙板南官帽椅（图349）体量硕大，为所见左右长度最大的南官帽椅。其另一特殊处是搭脑中间头枕超乎一般的宽大。搭脑两端平直，而非为三弯形。这种不同凡响的式样可能使之成为争议之作，得失高低，仁者见仁，智者见智。但它无疑给人以新奇和惊艳，这应是它的价值所在。座下为直牙板券口。靠背板挠度合理。其前后腿之间为"刀子牙板"。

图349 清早中期 黄花梨直牙板南官帽椅

长77厘米 宽63厘米 高127厘米

（选自北京颐和园管理处：《颐和园藏明清家具》，文物出版社）

4. 黄花梨百宝嵌南官帽椅

黄花梨百宝嵌南官帽椅（图350）搭脑中间为头枕式，两端渐成圆棍状。头枕下部平展与靠背板相接。后腿两弯，靠背板、扶手、鹅脖、联帮棍均三弯，整个椅子上部曲线相互呼应，多变而统一。

座盘冰盘沿。前腿间、前后腿间为直牙板券口，后腿间为直牙头直牙板。

图 **350** 清早期 黄花梨百宝嵌南官帽椅

长 62 厘米 宽 47 厘米 高 128 厘米

（广东留余斋藏）

前管脚枨、左右管脚枨在同一水平上，后
枨偏高，有别样的错落感。此种处理在明式家
具椅类中还有他例。

此椅最显著特征：一是体量大，有128厘
米之高，成为现存黄花梨南官帽椅实物中最高
者。在椅类中，它也应是在最高之列，实为罕有。
二是靠背板上为百宝嵌喜鹊登枝石榴纹，意为
"喜从天降"。明式家具中常见此纹，亦表明这
对尊贵之椅为婚嫁之用。

其靠背板镶百宝嵌（图350-1）之材料为
犀角、螺钿、椰木，但从保存现状看，大多部
分已在历史的风烟中脱落遗失。此椅至今木构
件丝毫无损，可见制作坚固。此如良器上的百
宝嵌，当初一定也会是工手不俗，然而亦输于
时光。

由此可推断，一般座椅靠背板上的百宝嵌
多是有损伤的。其因，一是木材与百宝的涨缩
系数不一，二是胶水的牢固度不强。它们难以保
证百宝嵌抵挡几百年的时光。所以，有些嵌件
品相完好者基本为后配。

另有与此对椅子同式同尺寸之四件南官帽
椅曾展于美国波士顿博物馆。

图350-1　黄花梨南官帽椅靠背板上的百宝嵌

（三）头枕搭脑罗锅枨型

1. 黄花梨罗锅枨南官帽椅

黄花梨罗锅枨南官帽椅（图351）造型简练，上下身比例合理出色。搭脑委婉曲折，中间头枕宽平，两端渐圆，正视为一对三弯形。靠背板用材精良，上收下舒，挓度与整椅之上小下大形态相应。

座盘冰盘沿台阶状内收幅度较大。座下高罗锅枨，上有两根矮老。其罗锅枨的高起显示了其年代偏晚。四腿外圆内方。

从侧面（图351-1）看，后腿三弯，与靠背板相协调一致。

图351 清早期 黄花梨罗锅枨南官帽椅

长62厘米 宽47厘米 高123.5厘米

（选自马克斯·弗拉克斯：《中国古典家具私家观点》，中华书局）

图351-1 黄花梨南官帽椅侧面

（四）头枕搭脑马蹄足型

1. 黄花梨马蹄足南官帽椅

黄花梨马蹄足南官帽椅（图352）是高式南官帽椅中的一种特殊式样，其座盘之上的形态与一般头枕式搭脑的南官帽椅相同，不同处是：

1. 椅边抹下非为牙板，而是横枨与四腿格角相接，成为一个方框体。

2. 前后左右管脚枨在一条水平上，而非常见之低、高、低式或低、高、再高式。

3. 腿为方材，非外圆内方。足部挖下一块弧形木材，形成马蹄足。马蹄足的宽度与腿部的宽度相等。这种式样在清晚期红木家具中多见，故认为此椅在黄花梨家具发展序列中偏晚。

4. 其管脚榫为梯形格肩榫（图352-1），为地方性标志。

5. 其前管脚枨与腿两侧腿足相交处在一个平面上，这不同其他类椅子前管脚枨两端飘肩榫包盖左右两腿之上。

这种椅子应是一种特殊匠作的做法，风格独特，不同常规。在个别灯挂椅上也可见到这种做法。

图352-1 黄花梨南官帽椅管脚枨上的梯形格肩榫

图352 清早中期 黄花梨马蹄足南官帽椅

长55.9厘米 宽45.5厘米 高118厘米

（选自马克斯·弗拉克斯：《中国古典家具II—1997》）

（五）搭脑两端装角牙型

此型南官帽椅搭脑两端下侧装有角牙，区别于其他式样的高式南官帽椅。

1. 黄花梨角牙式南官帽椅

黄花梨角牙式南官帽椅（图353）特征如下：

搭脑中间有长方形头枕，与靠背板几乎等宽，头枕中间微凹，两端出平行棱线。这非同于一般高式南官帽的八字形棱线头枕。搭脑两端最终趋变为圆柱状，弯曲后以烟袋锅榫与后腿相接。搭脑两端下和扶手下置有角牙，这是一个显著特点。

直联帮棍不同于多见于其他各种椅子上的三弯形联帮棍。座盘面沿混面状，近于直平。

图**353** 明末清初 黄花梨角牙式南官帽椅

长 56 厘米 宽 45 厘米 高 108 厘米

（上海私人藏）

此椅整体用料粗大、上乘，以豪壮为特质，尤其以宽大的靠背板为突出。全器皮壳自然原始，难能可贵。在比例上，上身较高，下座较矮，属于独特的匠作做法。从侧面（图353-1）看，此椅的扶手前高后低。此种式样在其他椅子中也偶见。

　　此椅还给人这样的启示：传统观念认为，家具接榫处打眼，以竹销或木销钉锁死的"关门钉"做法被称为"绝户钉"，是一种低级不讲究的做法，不利于修配。其实这种销钉的使用，使明式家具保留了大量完整或较完整的实物，本椅扶手等多处使用销钉（图353-2）致使全器至今完整，无任何构件丢失。可见工匠制作之初，便心虑百年之后。这体现了对作品积极负责的态度，也是匠作中优秀的工法。明式家具中如无销钉，现存黄花梨家具遗物不知散架几何，不知荡然无存何多。明式家具中，销钉作用不可低估。

图 353-1　黄花梨南官帽椅侧面

图 353-2　黄花梨南官帽椅扶手上的销钉

2. 黄花梨角牙式南官帽椅

　　黄花梨角牙式南官帽椅（图354）搭脑中间为扁长方形头枕，略等宽于靠背板。搭脑两端下、扶手下有角牙，出碗口线。这些都是此型南官帽椅固定的配置和式样。靠背板两弯C形前弯，极为宽大。后腿C形后弯，与靠背板形成对比。

　　扶手三弯，联帮棍为两弯形，鹅脖三弯而向外敞，与椅子整体有挓的结构形态形成变化。下座比例偏矮，活屉软藤编织。座盘混面不起线，下为直牙板，出碗口线。大廓形上，此类椅都如法炮制，表现出此型南官帽椅的固定特点。但是，很明显此椅比上例椅子更秀气，更接近一般的头枕式搭脑南官帽椅。

图 354　明末清初～清早期　黄花梨角牙式南官帽椅

长 56 厘米　宽 44 厘米　高 107 厘米

（广东谭经堂藏）

（六）搭脑两弯罗锅枨型

搭脑两弯南官帽椅搭脑通体为圆材，两端自然前曲，为两弯C形。一般而言，其身高矮于前述南官帽椅，故称为矮南官帽椅。所见实物多制作于清早期或更晚期。

1. 黄花梨螭龙纹南官帽椅

黄花梨螭龙纹南官帽椅（图355）搭脑状如圆棍，呈两弯C形状，扶手为三弯S形，鹅脖和联帮棍亦三弯形。

靠背板圆形开光中，雕多草叶式螭龙纹，螭龙张嘴怒目，尾巴相互钩套，形象生动，但有新变异。两螭龙中间之下方为螭尾纹变体，整体构成大小螭龙构图（图355-1），意为苍龙教子。

此椅为落堂硬屉，座盘下加横枨，下接矮老与罗锅枨。这是有别于矮老直接大边的另一种做法。同时扶手前低后高，俗称"高扶手"。扶手由后向前倾斜，使视觉产生向前的运动感和层次感。

图355　清早中期　黄花梨螭龙纹南官帽椅

长 74.5 厘米　宽 49 厘米　高 96 厘米

（故宫博物院藏）

图355-1　黄花梨南官帽椅靠背板上的大小螭龙

2. 黄花梨罗锅枨南官帽椅

黄花梨罗锅枨南官帽椅（图356）搭脑为两弯C形，势呈拥抱之态，座盘直接矮老，下有罗锅枨支撑。靠背板雕寿字纹。前管脚枨下置罗锅枨。

寿字纹和枨下罗锅枨两点都是发展变异后的形态，匠心创意而为，难能可贵，但也表明年份偏晚。

图356　清早中期　黄花梨罗锅枨南官帽椅

长 73 厘米　宽 47.9 厘米　高 102.8 厘米

（佳士得纽约拍卖有限公司，1997年3月）

3. 黄花梨罗锅枨搭脑南官帽椅

黄花梨罗锅枨搭脑南官帽椅（图357）搭脑、扶手、四腿等用材普遍偏细，行内称为"细杆子"。其特殊处是搭脑中间一段后弯，俯视如横向罗锅枨式，这是后明式家具时代出现的变化。"高扶手"为三弯S形，微微向下前倾。

座盘下前面、侧面以罗锅枨支撑矮老，管脚枨下用直枨加矮老支撑，突显疏朗空透感。罗锅枨式的搭脑、管脚枨下的直枨加矮老，这些做法是多少年改进后的异变结果，年代极晚。

此椅也说明，在后明式家具时代，仍然有"细杆子"的椅子，有简洁的款式。

图 357　清中期　黄花梨罗锅枨搭脑南官帽椅
长 61.5 厘米　宽 47 厘米　高 92.5 厘米
（故宫博物院藏）

图 358 清早中期 黄花梨高扶手南官帽椅
长 58 厘米 宽 46.5 厘米 高 92 厘米
（广东留余斋藏）

（七）搭脑两弯直牙板型

1. 黄花梨高扶手南官帽椅

黄花梨高扶手南官帽椅（图 358）搭脑两弯 C 形。扶手三弯，侧面（图 358-1）看，后高前低，其势如俯冲。扶手与三弯形鹅脖烟袋榫相合，造成前倾的动势。

三弯形靠背板三段攒框而成，框起棱线。上段间壶门式开光中浮雕云头纹，云形饱满周正，边缘婀娜多姿，边线为高突的阳线；中段上落堂镶板，下段亮脚使用夸张的壶门式曲线，也形成一个视觉焦点。

椅盘面沿混面，腿间直牙板券口，管脚枨下左右角牙亦表明年代。

图 358-1 黄花梨南官帽椅

（八）搭脑两弯洼堂肚牙板型

1. 紫檀圆开光南官帽椅

紫檀圆开光南官帽椅（图359）靠背板上雕圆形开光，这是年份偏晚的特征。还有一些其他特征也佐证此年份判定：

1. 开光内雕牡丹花纹（图359-1），其工细致。从明式家具上的纹饰流变史角度看，此类阴刻叶脉和细致刻划花蕾者几乎未见。牡丹纹亦未见于其他明式家具上。同时，其与许多清中期紫檀家具上的西番莲纹雕工却十分相近，如某些紫檀顶箱柜上的西番莲纹。

明式家具的纹饰中几乎没有花卉纹，尤其是没有牡丹纹。这类个例性的图案出现的年代都偏晚。硬木家具上主体图案若雕花卉纹，其年代至早为清早中期，一般在清中期。

2. 搭脑、扶手的横竖材交榫处均为45°角式，而非烟袋锅榫式，这在苏作的黄花梨椅子上不常见。

3. 管脚枨明榫且露头，在常见的苏作黄花梨椅子上亦少见。有论者以为这是建筑构件出榫作法的遗风，年代偏早，但未见应有的举证和论证。相反，所见其他出榫的硬木家具实物身上多带有年份偏晚的特征。

4. 座面前宽后窄，前边呈弧形向前凸出，这种扇面形座面也是发展变化后的表现，其年代自然较晚。

上述几个特征，均佐证此椅子的年代判定。有论者曾以明代剔红器上花纹刀工与南官帽椅靠背板上开光内牡丹花纹雕工类比，判定其年代。但从考古学类型学原理、逻辑演绎法的三段论推理看，这种以其他工艺品的纹饰年代成果为家具断代的"横向研究"，所有的比较、联系、结论都是感悟联想式的判断，缺乏应有的论证逻辑，从而没有最终学理性效用。

2. 紫檀卷珠纹南官帽椅

紫檀卷珠纹南官帽椅（图360）的一些细节部分呈现出不同他例的特征，搭脑45°角与后腿相接。三弯扶手与鹅脖也是斜角相接，有联帮棍。靠背板上的壸门式开光中，雕变体卷珠纹（图360-1），正面座盘下只有横牙板，中心纹饰为草芽纹变体，成为一对卷珠纹，一左一右两端亦饰卷珠纹。

侧牙板置罗锅枨，也是新变形态。前管脚枨下亦置罗锅枨，枨下中间突出一块木料，上饰卷珠纹，十分考究。

以上这一切特点均在以往典型的矮南官帽椅上未见，是创新和改良的结果，但也说明其年代较晚，已入清中期，为后明式家具时期的器物。

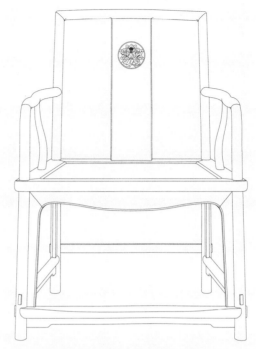

图 359-1 紫檀南官帽椅靠背
板上的牡丹纹

图 359 清中期 紫檀圆开光南官帽椅（摹本）

长 75.8 厘米 宽 60.5 厘米 高 108.5 厘米

（上海博物馆藏）

图 360-1 紫檀南官帽椅
靠背板上的变体卷珠纹

图 360 清中期 紫檀卷珠纹南官帽椅（摹本）

长 60.5 厘米 宽 56.6 厘米 高 94 厘米

（原美国加州中国古典家具博物馆藏）

（九）罗锅枨搭脑竖棂式靠背型

1. 黄花梨竖棂南官帽椅

黄花梨竖棂南官帽椅（图361）比较常规的矮南官帽有几个变化。

1.搭脑中间一段向后弯，俯视可见为横向的罗锅枨（图361-1）式，这与黄花梨罗锅枨搭脑南官帽椅（见图357）相近。

2.靠背置三根竖棂，而非靠背板。清早中期后，流行竖棂式样，此椅体现了这种变化。

3.座下罗锅枨上弯处趋向中间，表现出"出门走一段后才拐弯"的晚期特征。

这三个特点均出于偏晚的年代，尽管其全身光素。其制作于清早中期。

图361 清早中期 黄花梨竖棂南官帽椅
长59厘米 宽47厘米 高82.5厘米
（清华大学艺术博物馆藏）

图361-1 黄花梨南官帽椅上的横向罗锅枨式搭脑

2. 紫檀竖棂式扶手椅

紫檀竖棂式扶手椅(图362)搭脑、扶手、四腿均为方材。搭脑正视和俯视均为罗锅枨式。靠背上直棂密度加大，数目增多，但保留着圆材形态。腿间罗锅枨上置海棠形卡子花，上有横枨。

由这种紫檀器物的形态可以推断，同式样的黄花梨器物年代偏晚。以后世年代明确的器形为准，判断其他某些年代不甚清楚的家具年代时，这也是鉴别年代的方法之一。

清早中期后，竖棂在椅子、"气死猫"柜子上的使用尤其多见。这些以光素材料加工、组合制作的新款家具是明式家具的第二发展轨迹上的产物。虽然其发展势头不如以增加构件、增加雕饰图案（第一发展轨迹）上的作品主流性强，但不可小视，清中晚期继承了这一态势。

图 362　清中期　紫檀竖棂式扶手椅
长 56 厘米　宽 42 厘米　高 91 厘米
（香港两依藏博物馆藏）

3. 黄花梨竖棂扶手椅

黄花梨竖棂扶手椅（图363）承继了竖棂形态，但扶手已是上下身分装结构，而非上下身一木连做，趋向于清式家具形态。

搭脑为罗锅枨式，且罗锅枨上拐处靠近中间。扶手为后高前低的二截式。座盘下之罗锅枨上拐处靠近中间，枨上有两组双矮老，分置左右。前管脚枨下左右各置圆材牙角。以上多个元素都表明其年份偏晚，给人如此启发：

此类椅子虽有明式之风，但时间上已跨入清中期。它们不曾呈现出雕刻的面目，但流行在清中期，清晚期依然有所制作，为明式家具第二发展轨迹上的代表之一，也是后明式家具时代的器物。

图363 清中期 黄花梨竖棂式扶手椅
长 52.5 厘米 宽 43 厘米 高 84 厘米
（香港两依博物馆藏）

五、玫瑰椅式

玫瑰椅可分为靠背券口型、靠背圈口型、靠背屏风型、套框垛边型、靠背竖棖型。

（一）靠背券口型

业内将三面有牙板者称为券口，四面有牙板者称为圈口。

1.黄花梨券口靠背玫瑰椅

黄花梨券口靠背玫瑰椅（图364）靠背为券口式，横牙板上雕螭尾纹，竖牙板雕回字纹。

靠背和扶手下方置横枨，下接两组单矮老。座盘下，前面为壸门式牙板券口，侧面（图364-1）为洼堂肚牙板和直牙头。此椅尽管其形态简洁，但纹饰符号表明其年代偏晚。

图364　清早期　黄花梨券口靠背玫瑰椅

长 57.5 厘米　宽 45.5 厘米　高 86.5 厘米

（清华大学艺术博物馆藏）

在宋代（或传为宋代）的画作中，似乎可见类似玫瑰椅形制的座椅，用料单薄，靠背与扶手椅盘垂直相交。在推理上，明式家具中的玫瑰椅应该由宋代走来，经历了明早中晚期、明末清初，传承到黄花梨家具上。但是，实际并非如此。

在明晚期出土物中，未见玫瑰椅形态的椅子。但出土过四出头椅、圈椅、南官帽椅。

在明万历、崇祯朝的刻本版画插图上，交椅、四出头官帽椅、圈椅、南官帽椅的图像均有所见。但未见到玫瑰椅图像。而同一时期刻本图像上，可见直腿、直搭脑式的矮椅，或是有靠背板，或是搭脑与扶手同一水平，而非搭脑高、扶手低的玫瑰椅形态。

结合黄花梨玫瑰椅实物形态，可认为玫瑰椅出现于清早期。依据是其上均有雕刻装饰。虽近似光素，但存有其他年代偏晚的特征：如靠背为券口式、牙板为洼堂肚式。

玫瑰椅上身构件基本是平直的。这与搭脑、扶手是多弯形的四出头官帽椅、南官帽椅、圈椅显然不同。在为数不多的闽作玫瑰椅上，搭脑和扶手有曲线的变化。

在品级上，玫瑰椅应逊于上述三种椅类，属家庭中普通的坐具，故至今尚可见多只成堂者。

玫瑰椅轮廓造型上程式性、稳定性极强，形态大多数为横平竖直。但其靠背部分变化性最强，递变之快远远超越其他椅类。

玫瑰椅的靠背演化是由虚而实、从简至繁的，形态是丰富多变、千卉竞秀的。其形态丽藻妍秀，超越其他椅类。花式之繁、手段之多，也远胜其他椅类。

图364-1 黄花梨玫瑰椅侧面

2. 黄花梨螭龙纹玫瑰椅

黄花梨螭龙纹玫瑰椅（图 365）靠背为券口式，横牙板上雕对头双螭龙纹，双龙之间为一大四小圆珠纹，牙板两端下缘出双牙纹，上雕草芽纹，这种草芽纹形如螭尾纹尾尖，是螭尾纹的简化。券口下置横枨，枨下有矮老，扶手形态一如靠背。

座盘冰盘沿，其下券口横牙板上雕舒展的螭尾纹。

此椅的草芽纹为进化后的符号，代表着年代偏晚。

图 365　清早中期　黄花梨螭龙纹玫瑰椅

长 57 厘米　宽 43 厘米　高 86.5 厘米

（广东留余斋藏）

3. 黄花梨回字纹靠背玫瑰椅

黄花梨回字纹靠背玫瑰椅（图366）靠背为券口式，横牙板两边各饰两个回字纹，竖牙板上亦饰两个回字纹，回字纹均是方向相背。券口下为横枨，枨下为矮老。

座下前面为券口，横牙板上饰螭尾纹，左右翻卷。侧面圈口的横牙板为洼堂肚式（图366-1）。此玫瑰椅特殊，座面为落堂式硬屉，不同于其他玫瑰椅的软屉。座下内底（图366-2）里皮代表着古老家具自然风化的面貌。

图 366　清早中期　黄花梨回字纹靠背玫瑰椅

长 54 厘米　宽 45 厘米　高 86 厘米

（河北私人藏）

图 366—1 黄花梨玫瑰椅侧腿间的洼堂肚牙板

图 366—2 黄花梨玫瑰椅的硬屉座下内底

（二）靠背圈口型

1. 紫檀圈口靠背玫瑰椅

紫檀圈口靠背玫瑰椅（图367）靠背和扶手的四边内均置宽牙板，形成圈口。

上牙板雕对称拐子螭龙纹，中间为回字纹。下牙板雕对称变体螭凤纹，中间为变体寿字。上下形成龙凤和鸣之意象。两侧竖牙板上的螭尾纹变异为拐子纹。

圈口形态呈现出明显的加大观赏面倾向。座盘和前管脚枨下均为罗锅枨支撑。其圈口和罗锅枨均表明此椅年份很晚，属清中期之器物。

图367 清中期 紫檀圈口式靠背玫瑰椅
长 59.5 厘米 宽 45.4 厘米 高 93 厘米
（故宫博物院藏）

2. 黄花梨六边形玫瑰椅

黄花梨六边形玫瑰椅（图 368）为常规玫瑰椅的变化体，座面六边，靠背与前扶手间加入一对斜向扶手。扶手势如拱抱。六腿均上下一木连做。靠背、扶手、脚间装壶门式牙板，椅上部形成五个圈口，椅下部则呈五个券口。管脚枨高低错落。

六边形椅变传统的四边形为六边形，多个大小不一的壶门和圈口各自排列，以重复的手法做出了建筑学所强调的韵律感。六边形新椅种是椅子新形态的开拓。其形态尽管简洁，但六边形已经是形式的大变化，年代自然晚。

图 368　清早中期　黄花梨六边形玫瑰椅（摹本）

长 60 厘米　宽 45.7 厘米　高 80 厘米
（佳士得纽约拍卖有限公司，2008 年 9 月）

（三）靠背屏风型

1. 黄花梨半屏风靠背玫瑰椅

黄花梨半屏风靠背玫瑰椅（图369）靠背上半部为券口，横竖牙板上雕螭尾纹。下半部横枨下装透雕心板，图案中间为团形螭尾纹，左右分别为螭龙纹。

这种横枨下装透雕板的做法，可以看做是玫瑰椅由靠背券口式向靠背屏风式迈出了半步，故称"半屏风靠背"。可以说，这是屏风式靠背向牙板式靠背的挑战之始，也是明式家具椅类中一个重要变化。

靠背、扶手内券口三面牙板上饱满的螭尾纹、两螭龙中间团形的螭龙纹、透雕板上螭龙旁边所饰的云朵纹、椅盘上下的宽厚变体的寿字卡子花等，均为时间偏晚的表现，与玫瑰椅开始屏风化的偏晚年代相吻合。

图 369　清早中期　黄花梨半屏风靠背玫瑰椅

长 56 厘米　宽 47 厘米　高 87.5 厘米

（香港两依藏博物馆藏）

2. 黄花梨屏风靠背玫瑰椅

黄花梨屏风靠背玫瑰椅（图370）靠背上完全装板，整体透雕，正中为海棠形开光实板，阴刻诗句。其左右各透雕六条螭龙，大小螭龙组成子母螭主题。这恰似一般围屏风上常见的透雕板被人移来，赫然竖立在椅背之上。靠背上变虚为实，这开始了玫瑰椅的最后一种形态，是观赏面不断加大法则在玫瑰椅上又一里程碑式的成功。

在这类透雕靠背玫瑰椅上，可见观赏面意识的空前膨胀，展示了清早期、清中期之交时玫瑰椅的巨变。它们应是明式家具最成熟时期的作品，又可视为清式家具的发蒙期。

屏风板占领了椅子上方的所有空间，让人看到了清式椅类的新时代曙光，这是一场改朝换代的挑战赛。此时，明式家具座椅出现极盛之作，盛则衰，则变。在此，我们感到了新一代靠背椅的脚步已叮咣而来。

明式家具由简至繁，从重实用到重观瞻，历经了一个有规律可循的过程，这是一个工艺之河的自然流淌。当你认真审视波涛东去的每一步，就会发现其审美的前方，是观赏面的趋大之势，更具体地说，是在走向"屏风化"，椅类也是如此。

3. 黄花梨"岁寒三友"纹玫瑰椅

黄花梨"岁寒三友"纹玫瑰椅（图371）靠背板和扶手心板上分别雕松竹梅"岁寒三友"纹（图371-1、图371-2）。此种纹饰是黄花梨家具中极少见，其三面屏风式样也很少见。其年代已迟，为清中期之物。

此套椅之孤例性表明"岁寒三友"和梅兰竹菊四君子等传统文人标榜的概念和图像基本与明式家具无关，也反证了明式家具与"文人"的关系。

如果说清早中期是明式家具图案兼收并蓄期，那么清中期则是古典家具纹饰的盛大节日，古今中外的一切纹饰都更广泛地被吸收，这其中包括"岁寒三友"纹。但是，在整个家具系统中，这类纹饰所占比例还是极小的。

图370 清早中期 黄花梨屏风靠背玫瑰椅

长61.4厘米 宽46.8厘米 高87.5厘米

（中国国家博物馆『承古融今 星汉灿烂——中国嘉德艺术品拍卖20年精品回顾展』）

图371　清中期　黄花梨『岁寒三友』纹玫瑰椅

长 55.5 厘米　宽 45 厘米　高 83.5 厘米

（选自楠希·白铃安：《屏居佳器——十六至十七世纪中国家具》，美国波士顿美术馆）

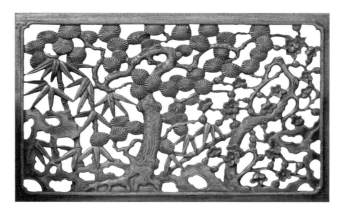

图 371-1　黄花梨玫瑰椅靠背板上的"岁寒三友"纹

图 371-2　黄花梨玫瑰椅扶手心板上的"岁寒三友"纹

　　中国传统文化中，"岁寒三友"松竹梅纹和"四君子"梅兰竹菊纹是最令人称道的士人文化象征，是人格化的视觉符号，是文化人最常用的图像。士人阶层中，任何人标榜浊世中的高洁品格、孤高气节，都会使用这些图像符号。它们逐渐发展成为高贵人品、高雅格调的象征，被全社会、尤其是有一定文化素养的人士广泛使用。"岁寒三友"一词出自宋代林景熙之口：

　　即其居累土为山，种梅百本，与乔松修篁为岁寒友。[1]

1　（宋）景熙：《霁山集》卷四，"王云梅舍记"，中华书局，1960 年。

元代白朴云：

苍松隐映竹交加，千树玉梨花，好个岁寒三友，更堪红白山茶。[1]

元代杂剧中曾云：

那松柏翠竹，皆比岁寒君子，到深秋之后，百花皆谢，惟有松、竹、梅花，岁寒三友。[2]

岁寒三友作为一组固定的形象出现于宋代。清代《清高宗御制诗文全集》中云：

南宋马远有岁寒三友图，所绘松竹梅……三友图在内府，乾隆帝有题诗。[3]

南宋赵孟坚绘《岁寒三友图》，现藏于台北故宫博物院。

在元、明、清代瓷器上，可以看到"岁寒三友"松竹梅的图案，在清代康熙朝、雍正朝的民窑青花瓷器上，也大量存在"岁寒三友"纹饰。明嘉靖《天水冰山录》记严嵩家抄查实物：

倭金描蝴蝶围屏五架、倭金描花草围屏二架、泥金松竹梅围屏二架、泥金山水围屏一架。[4]

在唐宋时期，梅兰竹菊以各自独立的形象，屡见于诗词绘画。而四君子之名，在明末已有相关文字记载。明代万历、天启年间黄凤池云：

文房清供，独取梅竹兰菊四君者无他，则以其幽芳逸致，偏能涤人之秽肠而澄莹其神骨。[5]

明崇祯十七年（1644年），胡正言出版了《十竹斋画谱》，分为"书画谱""墨华谱""果谱""翎毛谱""兰谱""竹谱""梅谱""石谱"八卷。"兰谱""竹谱""梅谱"的出版，表明兰、竹、梅形象在画界的普及推广。但是，观察明式家具实物和资料，"岁寒三友"和四君子图案作为组合，却从未见于明式家具之上。以"岁寒三友"为主体图案的家具也仅有一套黄花梨玫瑰椅，但其年代已晚，为清中期。

由此可以得出如下结论：宋代以后，经过数百年的积累，到明末清初明式家具的广泛制作之时，"岁寒三友"已程式化地使用于许多工艺器物上，但唯独明式家具除外。

---

1 （元）白朴：《朝中措》，《白朴全集》，三晋出版社，2013年。
2 王季列辑：《孤本元明杂剧·渔樵闲话》，商务印书馆，1993年。
3 （清）：《清高宗御制诗文全集》三集。
4 （明）佚名：《天水冰山录》，神州国光社，1936年。
5 （明）黄凤池：《梅竹兰菊四谱》小引，河南美术出版社，2016年。

（四）垛边套框型

垛边型、套框型玫瑰椅的制作年代都较晚，均不涉雕工，充分体现了明式家具第二发展轨迹上的作品擅于使用攒斗、垛边等工艺。有时一器之上，有套框也有垛边，姑且归为一类。

1. 黄花梨垛边靠背玫瑰椅

黄花梨垛边靠背玫瑰椅（图372）的搭脑和扶手，各以烟袋锅榫的结构与前后腿子相接。靠背四框内以圆材垛边一圈，再里层以圆材做圈口，四角各做出三角形，为八角形状，看面变化独特。

座盘下两层垛边，下加两横枨，其间置矮老，攒成扁长方套框，分成左中右三个空间。其下为圆材券口。四面管脚枨下加圆材垛边。

整器垛边工艺的多处施用与腿间扁长方套框、八角形券口相呼应。层层叠叠，形成另一种繁复，也表明这是某一时期、某一工艺流派的特色。它们与竹制家具的式样有些相像，但因竹制家具没有太早年份的标准器，亦不能认定是黄花梨家具是仿竹家具而制。

图 **372** 清早中期 黄花梨垛边靠背玫瑰椅

长 57.5 厘米 宽 46.5 厘米 高 90.5 厘米

（选自侣明室：《永恒的明式家具》，紫禁城出版社）

2. 黄花梨攒框玫瑰椅

黄花梨攒框玫瑰椅（图373）靠背、扶手中间套装攒框，框内分两层，上层为双卡子花，下层为竖棂。四腿之间以多个攒框相饰。具体为正面座盘下为横枨，枨下有两个矮老，与下面横枨相接，矮老间攒三个扁长框，再下为圆材券口。管脚枨下埃一条圆材相饰。

此椅各部构件均为圆材，包括竖棂、卡子花、前后腿、搭脑、扶手、管脚枨、攒框、券口。座盘大边和抹头混面，下起边线。靠背、扶手横竖材均以45°角相交。

这种范式的玫瑰椅亦可见到别例，略有区别，如靠背上层为团式螭龙纹卡子花、竖棂数字不同，座盘下套框间无矮老、管腿枨为罗锅枨、管腿枨出头等。

图 373　清早中期　黄花梨攒框玫瑰椅

长 55.5 厘米　宽 42.5 厘米　高 88 厘米

（香港保利国际拍卖有限公司，2015 年秋季）

（五）竖棂靠背型

竖棂的大量使用是明式家具晚期的新趋势。圈椅上有，南官帽椅上有，玫瑰椅上更多。竖棂型家具具有节奏感之美。

1. 黄花梨竖棂玫瑰椅

黄花梨竖棂玫瑰椅（图374）特点突出：

靠背和扶手均置波折状竖棂，如水波荡漾。扶手加高，超越正常的玫瑰椅扶手。靠背和扶手下边加横帐。在座盘上形成框形结构，是一种新式结构。

座盘下两层垛边，四角复垛一短边角牙，且均为裹腿做法。腿间以圆材攒接出券口，其上端为高罗锅帐式，中间段材料拼接而为。

此椅有一系列的新变，也有别样的美感，实际上也是更晚期的制作。

图374 清早中期 黄花梨竖棂玫瑰椅

长55厘米 宽42厘米 高82.5厘米

（选自马克斯·弗拉克斯：《中国古典家具 I》1997）

2. 黄花梨六边形玫瑰椅

黄花梨六边形玫瑰椅（图375）椅盘为六边形。靠背置直棂，扶手亦置以直棂，此式又称为"梳背式"。座盘垛边，足间以乌木圆材俏做，攒接委角券口。足下管脚枨为圆裹圆式，其下垛边。

尽管此椅光素，但其形态与工艺标志着其年代偏晚，为明式家具发展第二轨迹上的作品。对比四边形椅子，六边形椅是形式感更强的设计，美感更强，但在美与实用的平衡上，它逊于四边形椅子。所以在椅类王国中，四边形是不可动摇的畅行范式。而六边形椅则凤毛麟角，数量极少。这种在靠背和扶手上置以直棂的做法，在清中期、清晚期继续流行。

清早中期以后，直棂式出现并流行，直棂式仅以一条条圆形直材做出多变的效果。这又是黄花梨家具末期以少制多、以简成繁的成功范例。用光素简单构件成就丰饶之态，亦可见明式家具末期匠作的创作能量。

图 375　清早中期－清中期　黄花梨六边形玫瑰椅

长 64 厘米　宽 42 厘米　高 84.3 厘米

（选自侣明室：《永恒的明式家具》，紫禁城出版社）

（六）仿竹节型

1. 黄花梨竹节纹玫瑰椅

黄花梨竹节纹玫瑰椅（图376）大的形态与传统竖棂靠背玫瑰椅相同，搭脑、扶手平直，两者以烟袋榫结构与腿足相接。其特色为全身饰仿竹节纹，可确定其已进入清中期，应为后明式家具时期的作品。

椅背、扶手存在套框形态。竖棂置于套框中。座盘下两根横枨间接矮老。其下为直枨式券口，管脚枨下置罗锅枨。

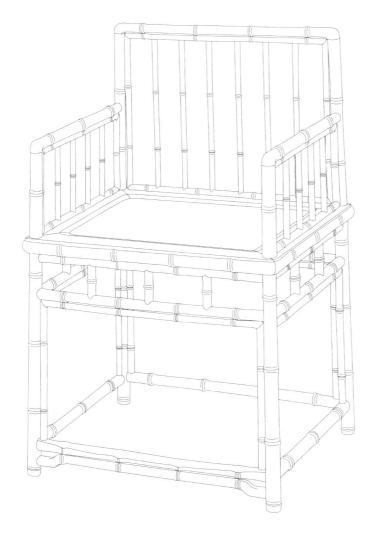

图376 清中期 黄花梨竹节纹玫瑰椅（摹本）

长56厘米 宽45.5厘米 高88厘米

（美国明尼阿波利斯艺术馆展出）

2. 黄花梨竹节纹玫瑰椅

黄花梨竹节纹玫瑰椅（图377）仿竹纹形态与上例大致相同，式样略有变化。

靠背和扶手上下之间均置三弯形竖棂。

扶手偏高，座盘下以圆材做出券口，左右上角攒接呈八字形。管脚枨下接光素罗锅枨，罗锅枨上行拐弯处趋近中心，可见年代之晚。

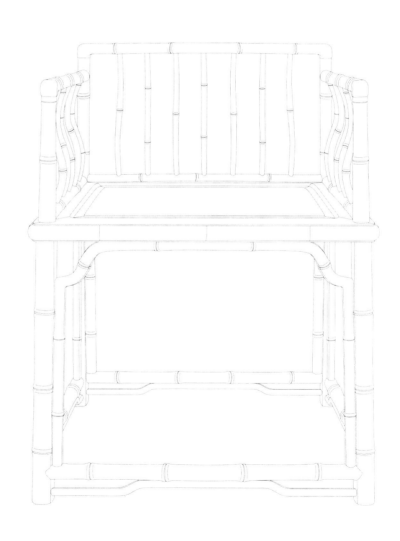

图377 清中期 黄花梨竹节纹玫瑰椅（摹本）

长 51.5 厘米　宽 38.5 厘米　高 79 厘米

（美国明尼阿波利斯艺术馆展出）

（七）攒斗靠背型

攒斗靠背以攒接、斗簇图案作为靠背的装饰，此类椅子存世极少，但颇有特点，备为一格。

1. 黄花梨四簇云纹玫瑰椅

黄花梨四簇云纹玫瑰椅（图378）是以传统攒接工艺创造新品的杰作。其靠背中心攒接四合如意纹，四边接直枨，直枨成菱形，四枨上下（内外）接双卷相抵纹，菱形框四个内角上均攒双卷相抵纹，靠背四角攒成双卷相抵纹。

扶手下图案形态也大致如此，四合如意纹为中心，以直枨连接四角之双卷相抵纹，与靠背图案呼应一致，表现出攒斗工艺的魅力。

图378 清早期 黄花梨四簇云纹玫瑰椅（摹本）

长51.5厘米 宽38.5厘米 高79.5厘米

（美国明尼阿波利斯艺术馆展出）

此椅也点缀了雕刻构件，座盘下，正侧面变形罗锅枨之上均接灵芝纹卡子花。

斗簇的靠背板经不住用力倚靠，可见此类玫瑰椅是只能端坐而不能倚靠的。它可能是出于某种独殊需要而制，如与某种家具配套。

2. 黄花梨螭龙纹玫瑰椅

黄花梨螭龙纹玫瑰椅（图 379）靠背上以斗合四合如意纹为主体，又匠心独运地在四合如意纹中心斗合团形螭龙纹构件，靠背四角也斗合了螭尾纹构件，如此圆融地完成苍龙教子之图案和寓意。螭龙纹、螭尾纹均为小型雕刻件，这要另找其他专门的雕刻作坊或人员加工此件。

雕刻工艺和攒斗工艺的合作妙品常常出现在明式家具中。以上这两把玫瑰椅就颇有代表意义。

图 379　清早期　黄花梨螭龙纹玫瑰椅（摹本）

长 58 厘米　宽 49.5 厘米　高 88.6 厘米

（美国明尼阿波利斯艺术馆展出）

（八）罗锅枨搭脑型

有一种闽作玫瑰椅的特点是搭脑近似罗锅枨式，有曲线变化，扶手三弯。

1. 黄花梨灵芝纹玫瑰椅

黄花梨灵芝纹玫瑰椅（图380）明确出自福建，它呈现出闽作特征：

搭脑中间高平，两侧低，两端复高起。背靠下三分之一处置罗锅枨，下置一枚灵芝纹。有一些清早期螭凤纹的头上已出现灵芝形象，如黄花梨螭凤纹平头案牙头（见图552）。再后来，灵芝形象被独立出来。侧面、后面管脚枨为罗锅枨式。罗锅枨的广泛使用是闽作的一大特点。前管脚枨下置罗锅枨，上有两个矮老。

图 380　清早中期　黄花梨灵芝纹玫瑰椅
长 57 厘米　宽 45 厘米　高 83 厘米
（北京元亨利艺术馆藏）

（九）禅椅型

1. 黄花梨大禅椅

黄花梨大禅椅（图381、图381-1）廓形简单，是罗锅枨加矮老式的玫瑰椅形态，但它是黄花梨椅子中的奇花，仅是横平竖直的几条木棍，却令人讶异，让人迷茫。其四大秉性，成就了它独特的江湖地位。一大、二简、三古、四洋。这使之成为中西文明对话的明式家具代表作。

一大：一般玫瑰椅长宽在50至60厘米之间，南官帽椅，左右长大多不足65厘米，进深宽不足50厘米，超过这些尺寸者尊为大号。

图381　清早中期　黄花梨大禅椅

长75厘米　宽75厘米　高85.5厘米

（原美国加州原中国古典家具博物馆藏）

图 381-1　黄花梨大禅椅侧面

　　而此椅长 75 厘米，宽 75 厘米。这雄视群侪的尺寸，在审美上先占优势。任何东西在体量上超越了一般，就让人称奇，常常与大气、博大、磅礴等词汇和意象相连。大，还敏感地反映了对用料和做工的理解。

　　二简：椅体硕大，但用材极为简练。若是多增一个牙子、多一条桄子，都难以呈现现在的线条视觉。显而易见，此椅逊于常规玫瑰椅那样的坚固，只可定为清瘦长者的打禅坐具。背板和扶手都缺少常规的支撑构件，且用材严重偏细。从正面说，匠师有意营造空灵之态，又对黄花梨木质的性能过度自信，造就了简单之王，它带有机械的冷漠感和理智感。反面来看，它的结构过于简单，不够牢固。所以，当初发现时是缺失构件的。

　　三"古"：有人认为，此椅代表着宋代家具三面平齐等高的大椅向明式玫瑰椅的演变，年代也早，此说影响较大，其实，这个"古"是一种误解，宋代家具椅子是靠背、扶手三面齐平。而本椅是高靠背、低扶手，是典型的玫瑰椅的器型。而且，此椅制作年代较晚，罗锅桄上弯处趋向中间，是"出门走一段才拐弯"形态。搭脑和后腿 45° 角相接，也是偏晚的做法。

　　四洋：所谓洋，非椅子本身洋，而是现代主义风尚下的洋人对它太多的一往情深。现代主义，又称理性主义和功能主义，以德国包豪斯学派为先驱和代表。它诞生在 1919 年，从建筑出发，涉及家具设计、日用产品设计、平面设计等。

　　瓦尔特·格罗皮乌斯是包豪斯学校的第一任校长，与勒·柯布西耶、密斯·凡·德罗并称为现代主义的三大旗手和主要代表。1923 年，格罗皮乌斯在魏玛的校长室设计了装饰包布扶手椅，名为"校长椅"。这件作品由多个"立方体"组成，可以再分成几个立方体或长方体。

马歇尔·布劳耶是现代主义设计大师中最年轻的一位。1925 年，他设计了瓦西里椅，以钢管弯曲成为正方体。这是其一系列功能化、优雅的钢管椅中最可珍贵的瑰宝，是划时代的伟大作品，是现代主义的传世经典。

勒·柯布西耶是现代主义的核心人物，他系统地建立了现代主义的理论体系，对 20 世纪后半叶现代主义建筑和城市发展的影响之大无人比拟。他丰富的作品和设计观念深深地影响了世界，设计的家具不乏传世经典，代表作有巴斯库兰椅和躺椅。巴斯库兰椅大约生产于 1928 年，椅子构架以钢管焊接而成，简单、轻巧、姿态高贵。

瓦西里椅和巴斯库兰椅，前者以钢管弯曲成形，后者以焊接而为，都是几根钢管支撑的正方体，它们均是现代主义的传世经典。几十年来，世界各地不知多少厂家生产过不计其数的仿制品，成百上千的后辈设计师效仿改进，流韵遗香，至今未绝。模仿包豪斯大师之作似乎并不是耻辱，而是光荣，因为这在西方就像是在模仿神明耶稣一样。

这件黄花梨大禅椅来自中国皖南古徽州白墙黑瓦中，同样几根条状构件，同样的正方体，据说为遥远的明代产物。它和以上两把经典的钢管椅有太多的相近，而且，还更为简约，还要"少"。它是多么合乎格罗皮乌斯那个著名论断：一辆车（按：器物）美与不美的标准并不取决于它的装饰配件，而是取决于整个有机组织是否和谐，取决于它的功能上的情况。而且它也符合包豪斯第三任校长米斯·凡德·罗提出响亮的名言："少就是多。"这句话是整个设计界奉若圭臬的金规玉律。

格罗皮乌斯、柯布西耶、凡德·罗以及布劳耶等四人都是现代主义的旗帜性人物，影响了 20 世纪欧美及全球的设计文化。试想在现代主义氤氲中成长起来的那些包豪斯主义的信徒们见到这类黄花梨椅子的那一刻，一定会感到在遥远东方找到相同的精神源头，会是多么的震撼和狂热。这是国人难以理解、难以想象的。

所以，此器在我们大陆古家具行的沙场悍将手上，也并未视为良马宝车，三瓜两枣转手他人了，时为 1989 年。时空使然，不足怪矣。大禅椅极度简约空灵，十分符合 20 世纪极简主义的艺术理念，被西方有心人士发现后，它顿时成为家具界明星、艺术传媒宠儿，在无数书籍刊物中出现。

尽管现代主义和这类明式家具是似是而非、貌合神离的两码事，但仅这"似是"与"貌合"和精神上的一点点相近，已使现代主义者惺惺相惜得不得了啦。本椅在登陆彼岸的那一天，注定是星途灿烂。

六、躺椅式

躺椅主要可分为固定型、折叠型。

（一）固定型

1. 黄花梨螭龙纹躺椅

黄花梨螭龙纹躺椅（图382）靠背为两层框架，上层透雕一对螭龙纹，下层左右各雕螭龙纹。框架下置矮老。扶手下分左中右三格，中间透雕一对螭龙纹，两侧左右格各透雕一个螭龙纹。设计格局与靠背相呼应。正面座盘下为三个攒框，其下为圆材券口。侧面座盘下为五个攒框，其下亦为圆材券口。

此椅扶手上的螭龙纹（图382-1）雕刻面目生动，身躯为多草叶式，回转圆润却遒劲有力，代表闽作雕刻的一流水平。此椅座盘下，大框之中套以小框，形成圆材式券口，这有助于理解同形态家具的产地。此椅发现于福建泉州，为闽作之物。

图382　清早中期　黄花梨螭龙纹躺椅
长142.2厘米　宽74.9厘米　高80.6厘米
（中国嘉德香港国际拍卖有限公司，2013年春季）

图382-1　黄花梨躺椅扶手上的螭龙纹

（二）折叠型

1. 黄花梨折叠式躺椅

黄花梨折叠式躺椅（图383）搭脑侧面呈圆曲状，下雕螭龙头纹（图383-1）。扶手出头雕稍小的螭龙头纹（图383-2），前后构成子母螭龙纹。

此椅后腿用料豪放，可见此器物对螭龙纹的突出和对大料的豪放使用。

图383-1　黄花梨躺椅搭脑上的螭龙纹　　　　图383-2　黄花梨躺椅扶手出头上的螭龙纹

图383　清早期　黄花梨折叠式躺椅

长95厘米　宽63厘米　高113厘米

（中国国家博物馆"大美木艺——中国明清家具珍品"）

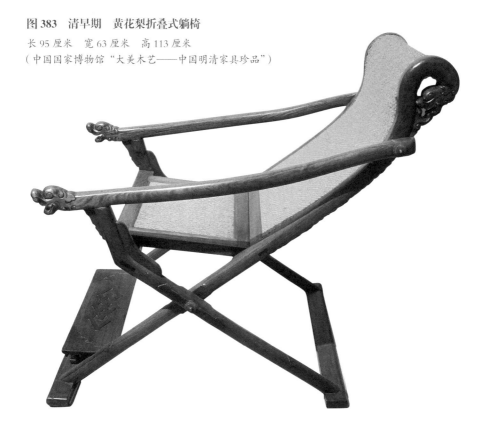

几百年前，在没有空调和沙发的暑热之季，一张黄花梨躺椅就是有闲人家的人生写照。在此，懈怠地少息，可发呆，可做白日梦。这正是倚坐在山中水畔、躺卧于庭前月下时的闲情。

　　在今日收藏界，似乎折叠型躺椅不如其他各种椅子受用。但在当时，这种精细和考究的生活闲器，品级和奢侈度之高超越其他。全年户外使用躺椅之总体时间不是很久，古人却以珍稀木材为之，且十分注重雕饰，这是非常人家可享用的高贵、考究之生活表现。

　　明代仇英《桐荫昼静图》中表现了当时的躺椅（图384）形态，可见明清之时躺椅的使用情景。

图384　明仇英《桐荫昼静图》（局部）中的躺椅

图 385　明末清初　黄花梨直牙头长方凳

长 57.5 厘米　宽 37.5 厘米　高 41 厘米

（广东留余斋藏）

七、凳墩式

凳墩类坐具主要包括方凳、圆凳、鼓凳（鼓墩）、马扎（交杌），大体量之禅凳交叉在其中。

（一）方凳型

许多方凳形态与方桌大致相近，相似的在此不再表述。

1. 黄花梨直牙头长方凳

黄花梨直牙头长方凳（图 385）侧脚明显，凳面攒框嵌硬板，四面冰盘沿下，直牙板和直牙头一木连做。此形式年份早，且实物罕见。直牙头拐角圆润柔和，正面背面各置一横枨，两侧亦各置一横枨，只是位置下降。行业内称之为"刀子牙板一字枨凳"，形态经典。

2. 黄花梨直牙头长方凳

黄花梨直牙头长方凳（图386）凳盘面沿混面，上下起线，面为软屉，直牙板与直牙头以45°角相交，边缘起线。正背面上为一横枨，两侧面上有两横枨。圆腿。

图386　明末清初　黄花梨直牙头长方凳
长 52.8 厘米　宽 43.8 厘米　高 50.5 厘米
（佳士得纽约拍卖有限公司，1999 年 3 月）

3. 黄花梨三弯腿长方凳

黄花梨三弯腿长方凳（图387）凳面软屉，边抹冰盘沿，下压窄线。矮束腰，壶门牙板与三弯腿成大圆角相交，曲线优美。三弯腿上直下弯，足底厚大，雕内卷云纹收底。腿间以罗锅枨支撑。

牙板上略雕纹饰，为草芽纹，此纹的年代较晚。

图387　清早中期　黄花梨三弯腿长方凳
长 50.5 厘米　宽 46 厘米　高 53.5 厘米
（佳士得纽约拍卖有限公司，1997 年 9 月）

4. 紫檀罗锅枨矮老方凳

图388 清早期 紫檀罗锅枨矮老方凳

长 61.9 厘米　宽 61.9 厘米　高 48.2 厘米

（佳士得纽约拍卖有限公司，1997 年 9 月）

紫檀罗锅枨矮老方凳（图388）罗锅枨裹腿做法，边抹厚度、垜边厚度与罗锅枨厚度均相同，形成等宽的多层看面。垜边与罗锅枨间安四根矮老，分为两组。设计上，以纵横交替手法呈现出韵律感。通体无雕饰，藤编软座面。

这件器物以朴素的构件，达到了力学和视觉兼优之境。

5. 黄花梨罗锅枨长方凳

黄花梨罗锅枨长方凳（图389）是一件少见的器型，腿间连以罗锅枨，罗锅枨上无矮老，区别于多见的罗锅枨上加矮老的式样，也成为极简的凳子式样，别具韵味。

图389 清早期 黄花梨罗锅枨长方凳

长 59.4 厘米　宽 55.3 厘米　高 52 厘米

（选自德国科隆东亚艺术博物馆：《极简之风——霍艾藏中国古典家具》）

（二）圆凳型

明式家具中，圆凳有代表性的作品不多，仅举二例。

1. 黄花梨八足圆凳

黄花梨八足圆凳（图390）独出心裁，尚未见第二例。构造特点是以八根弧形担子式立柱支撑座面，腿下设垛边圆形托泥。弧形担子整体采用双劈料做法，中间细两头粗，上下大致对称。座面厚、垛边薄，托泥面沿为劈料式。

在设计上，讲究对比和对应，八条弯腿夸张大胆而成功。而且，在结构上，此凳也不同他例，上中下各构件以裁销连接。同时构件式样与纹饰合为一体，如此不违反匠作基本原则，又有新变化的作品才是创新。初看，以为它体现了早期光素器匠作的法则和路数。仔细分析，却见完全符合装饰时期器作的成就。

图390　清早期　黄花梨八足圆凳

长 38 厘米　宽 38 厘米　高 49 厘米

（原北京硬木家具厂藏）

2. 黄花梨三弯腿圆禅凳

黄花梨三弯腿圆禅凳（图391）凳面为编藤软屉。凳盘下矮束腰，洼堂肚牙板与四条凳腿圆角相交。凳腿三弯，其上部两侧出牙状曲线，正面浮雕卷珠纹。硕大足部与腿相协调，其上雕草芽纹。下承托泥，风化严重，其形态如矮化的香几。

明式家具中，禅凳是一种小众作品。在众禅凳中，此圆凳造型是最优美突出的。

图 391　清早期　黄花梨三弯腿圆禅凳

长 72.4 厘米　宽 72.4 厘米　高 54.6 厘米

（苏富比纽约拍卖有限公司，1999 年 3 月）

图392　清早期　紫檀直牙板鼓凳

长 50 厘米　宽 50 厘米　高 48 厘米

（承德避暑山庄藏）

（三）鼓凳（鼓墩）型

　　从晚明至清早期、清中期、晚清民国，黄花梨、紫檀、红木的鼓凳（鼓墩）制作从未中断过。而且简洁形态的鼓凳一直制作。其稳定性强，作品极多，以至分期断代十分困难。

1. 紫檀直牙板鼓凳

　　紫檀直牙板鼓凳（图392）凳盘与底座外沿浮雕旋纹和鼓钉纹。旋纹和鼓钉的制作需厚材大面积深铲地子，费材费工，代表着装饰时期的工艺追求。

　　凳体宽大，有别常例。墩身四开光，弯曲的扁担式四足两头宽中间窄，开光上下牙板为直线，四足左右边呈曲线，形成对比。

2. 黄花梨双弦线鼓凳

黄花梨双弦线鼓凳（图393）座盘下鼓腿膨牙，直牙板两端出较大牙嘴，四足上下端极宽与牙板大圆角相交，形成四个圆润的方形开光。这个圆角效果产生的代价是牙板和四足以大料挖出。开光的上下左右形近曲线，较之多见的直线开光，审美上略胜一筹。鼓钉上下起旋线，为双弦线，不同常例。

鼓墩之美，在乎其浑厚饱满与虚空疏旷的对比。

（四）交杌（马扎）型

交杌又称"马扎"。

1. 黄花梨螭龙纹交杌

黄花梨螭龙纹交杌（图394）棉绳座面，前桄面沿上双螭龙间雕螭尾纹（图394-1），螭尾纹下延，为前桄下边线，至两端上拐，复又内卷成螭尾纹，一气呵成。一条线贯穿上下左右全局，交圈完美。前后腿交叉，中间以铜销为轴，以便开合。前腿下端置活动腿踏，其正面为壶门牙板，上面为三联方胜纹。扁方形横枨为底足。整体设计感极强。

图394-1 黄花梨交杌前桄上的螭龙纹

图394 清早期 黄花梨螭龙纹交杌
长48厘米 宽29厘米 高41厘米
（广东留余斋藏）

图 395-1　黄花梨交杌
的上折形式

2. 黄花梨木框式交杌

黄花梨木框式交杌（图395）杌面由两个木框组成，两框中间安有直枨。木框中缝下有竖立支架，可以上折（图395-1）。交杌多为编织软面，此类木棂座面交杌较少见，弥足珍贵。正面腿足间设有踏床，部件交接处镶铁鋄银饰。为耐磨，更为美观。

在这种小家具上，也会翻出花样地设计制作，这是因为可折叠外出用品更要考究，更具有炫耀性。这是明式家具上常见的现象。

图 395　清早期　黄花梨木框式交杌
长 49 厘米　宽 56.2 厘米　高 49.5 厘米
（佳士得纽约拍卖有限公司，1997 年 9 月）

第六章　柜橱类

一、方角柜式

1.黄花梨小方角柜

黄花梨小方角柜（图396）代表早期方角柜的式样。光素简洁，门板、侧山等均为平镶。长方形面叶与长方形合页格外夺目，是重要的装饰手段。

在明崇祯版《金瓶梅词话》插图中，可以见到这类方角柜（图397）、闷户橱、提盒等，有助于理解当时方角柜的形态和使用之地。

四件柜的竖柜，由于外貌与方角柜基本一样，从鉴定角度上极易混为一谈。那么，如何区别两者呢？

从外表看，方角柜的顶部是完整的，一定有平镶顶板；而离散的顶箱柜竖柜上端裸露着连接前后面的穿带，或者有子母口。

图396 明末清初 黄花梨小方角柜

长72厘米 宽40厘米 高78厘米

（选自马克斯·弗拉克斯：《中国古典家具图册Ⅰ—1997》）

图397 明崇祯 《金瓶梅词话》插图中的方角柜、闷户橱和提盒

（选自兰陵笑笑生：《金瓶梅词话》，里仁书局）

在明嘉靖、万历年间，黄花梨家具刚刚流行，其制作者首先来自漆木、柴木家具工匠。他们自然完全继承、拷贝漆木、柴木家具的结构和式样。

黄花梨家具脱胎于大漆家具，可以说胎气十足，天赋异禀。这为其后天的发展奠定了基础。相当长时间内，人们很少顾及此点，仿佛黄花梨家具凭空而降，或是由工匠之外的韵士骚客"培养"的。为了说明早期硬木方角柜，可以先观察明代大漆方角柜，进而比较它与黄花梨方角柜之异同。

清宫旧藏的填漆戗金方角柜（图398）可以作为明代大漆柜子的代表。柜上刻有"大明宣德年制"款，故宫博物院专家认为应为明代万历之物，其形态有以下特征：

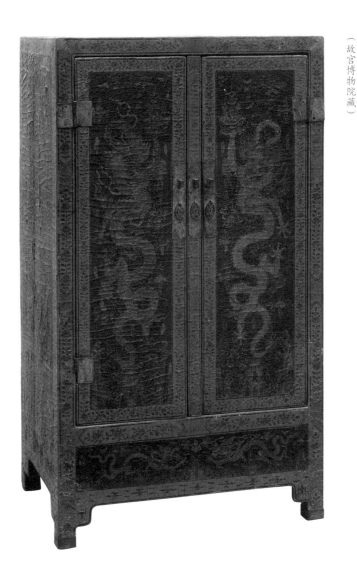

图 398　明晚期　填漆戗金方角柜

长 92 厘米　宽 60 厘米　高 158 厘米

（故宫博物院藏）

1.式样。全身四面平，包括牙板。四面平代表着最简单的造型和最容易的制作，框架结构和造型发展的前期使用四面平结构和造型是必然的。工艺的初步决定了造型的原始。

明代大漆家具中，桌、几、凳、榻中，无不存在四面平款。它与当时的艺术鉴赏力、审美取向，都没有最根本的联系，但与普遍的制作能力息息相关。

四面平器物是人类最早有能力制作、又能引发审美快感的器型。家具由工匠生养，命中带的就是服从工艺。大漆柴木家具四面取平，结构最为简洁，且有披麻、挂灰、髹漆之便，遂有"四面平"式样。黄花梨家具有样学样，遂有此款。

2.纹样。左右门板、门框、闩杆、柜膛面板、侧山、背后上，各饰有升龙（龙爪举聚宝盆）纹、流云纹、立水纹、双龙纹和海水江崖纹、双龙戏珠纹、锦地纹、海屋添筹纹、花鸟纹等。

这件漆木家具四周均有图案，尤其是正面图案密不透风。此时大漆家具之图案装饰已达到极端化。但是，在此时及此后的明式家具上，则未见同类的纹饰，大漆家具的藻饰与明式家具之光素形成鲜明反差。

漆木方角柜四面纹饰豪华绚丽，连背面亦不苟且。而多数黄花梨方角柜的柜门、门框上却都是光素。如黄花梨方角柜（见图396、图399）上无任何图案。装饰上，彼富此贫。反差极大。

本书对比同时代、同式样的大漆家具和黄花梨光素家具后，得出如下结论。

1.造型。早期黄花梨家具沿袭了漆木家具成熟优美的基本造型式样。但由于材质珍贵，雕刻工艺局限，当时的黄花梨家具仅取简洁款式。

2.装饰。两者背道而驰，大漆柴木家具嵌绘秾绮，竞尚华丽，黄花梨家具则多无雕无绘，形成光素的范式。但是，匠师们对黄花梨家具"修饰"的向往并未熄灭，例如选材时，门板（或椅之靠背板）等重要立面处，十分注重选用有美丽花纹的材料。并广泛使用了线脚、锼挖的曲线、攒斗图案等美化手段。

四面平的箱、柜类没有线脚，但以各种形状的白铜、黄铜饰件破除装饰不足带来的沉寂感。铜饰与木材之花纹、线脚及锼挖的曲线，笔者称之为"明式家具的隐性装饰"。

2. 黄花梨方角柜

黄花梨方角柜（图399）器物宽大，最显著特色是左右柜门花纹绚丽（图399-1），如流云激水，变幻多姿；又像抽象画作，妙不可言。双门门板花纹相同，连门框纹路也一致。选料精良，洵为上品，为"材料美"的代表作。

明式家具的各种柜子左右柜门都应是一木双开，花纹一致。两个柜门是否出自一块木料，其密度好坏、花纹如何，也是评价柜子的一个重要观察点。那种纹理变幻，如山峰、如水波者，自然是极好的用料。

两个门板木料花纹一致，是制作器物时的基本要求。如果它们纹理出入较大，品质便等而下之了。后人观之，还要考虑其中是否有过修配。

明式家具行道里头，有一木一器之说，虽有夸大成分，但在一器之上，主要看面（如柜门、椅子靠背板）应选料精美，而且一致。如此方可论选料、配料的匠心。

在传统资料里，没见过一木一器这种说法，它也不符合合理配料的原则。这只能作为一种理想化的追求和标准。

讲一件器物的用料要全部像一根木头开出来的一样，实际上这提出了一个标准，就是制造者要在配料、选料上下功夫，花纹、油性、颜色要接近。如果能做到这一点，就是追求一木一器的标准，就是在家具材料的物理之美上有所追求。

尽管本柜周身光素，但其牙板的线条略嫌生硬，其年代应较晚，这是一个考察年代的观察点。同时，这种线条加之此柜体量巨大、用料考究，都是闽作的特征。

图399　清早期　黄花梨方角柜

长 120 厘米　宽 55 厘米　高 180.5 厘米

（选自莎拉·韩蕙：《中国建筑中的明式家具》）

图 399-1　黄花梨方角柜的柜门花纹

二、顶箱柜式

顶箱柜形态如两个方角柜加上两个顶箱，共四件，又称"四件柜"。由于身高体大，一向为豪门大户所有。历代的传承者均视之为家中重器，异常珍重，故流传下来多为成对。

顶箱柜的高度和厚度突出，加上线条方正（方料、方柜、方窗），所以不论成品实际尺寸大小，均给人以挺拔巨大、气魄伟岸的感觉。它们高大方正，多数全身光素，不施刀饰，观赏面上唯有的修饰是铜饰，或圆形、或方形、或多个如意形等，计有合页、面叶、吊牌以及包脚等。

应注意，铜件由简朴到繁华的变化，为光素四件柜的类型学年代确定提供了线索。

1. 黄花梨圆铜饰顶箱柜

黄花梨圆铜饰顶箱柜（图 400）完全光素，柜门平镶，下框横材为尖头格肩榫。合页、面叶为圆形（图 400-1），形态质朴简古。代表偏早期年代的圆形合页、面叶醒目又和谐地装饰着大墙一样的柜体，成为此类明式家具的点睛之笔。

由于整个柜体是光素的，所以制作者十分依重铜饰的修饰作用，大中小三种圆形合页、面叶错落有致地装点着略显单调的柜体表面，其铜饰为纯正圆形。

在明万历、崇祯的刻本插图中，从未见过顶箱柜，所以，推断顶箱柜最早出现于清初。

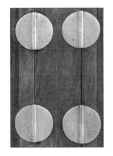

图 400-1 黄花梨顶箱柜上的圆合页和圆面叶

图 400　清初　黄花梨圆铜饰顶箱柜

长 86.7 厘米　宽 51 厘米　高 198.3 厘米

（选自叶承耀：《楮檀室梦旅——攻玉山房藏明式
黄花梨家具 I》，香港中文大学古物馆）

2. 黄花梨八合如意纹顶箱柜

黄花梨八合如意纹顶箱柜（图401）尽管柜体光素，柜门下横材为平肩榫，但其八合如意纹（八合云纹）面叶（图401-1）和八合如意纹铜合页（图401-2）繁复精巧。由此审视，此顶箱柜年份起码应晚于上一件顶箱柜。

从故宫博物院所藏"大明万历朝制"款的尊贵大漆家具上看，铜饰上均尚未见花边状修饰，即无六合如意纹、八合如意纹等铜饰。故凡有此俏丽铜饰者，年代必迟于明万历朝。

图401-1　黄花梨顶箱柜上的八合如意铜面叶

图401-2　黄花梨顶箱柜上的八合如意铜合页

图401　清早期　黄花梨八合如意纹顶箱柜
长118厘米　宽53厘米　高256厘米
（美国私人藏）

图 402-1 黑漆箱上的描金「大明万历年制」款

可以使用黑漆嵌百宝描金双龙戏珠纹箱（图402）说明明万历时期大漆家具的装饰和铜件形态。

黑漆嵌百宝描金双龙戏珠纹箱的上盖和四面为描金双龙戏珠纹，一条龙用平托手法镶嵌铜片，另一条龙嵌螺钿，龙之发、角、脊嵌银片。四周为描金银云纹。箱盖内正中描金"大明万历年制"款（图402-1），插门内抽屉面为彩漆绘双龙纹（图402-2）。它豪华出众，工艺超群，但是其铜吊扣、两侧的桃形铜护叶却朴素无华，边缘没有镂挖变化的曲线。

这件明确为明万历年制作的家具是当时宫廷中最豪华的箱子，其上的铜饰件不过如此。在流通市场，也有"大明万历年制"款的大漆龙纹箱子，铜饰件也是这样的。

图 402 明万历 黑漆嵌百宝描金双龙戏珠纹箱

长 66.5 厘米 宽 66.5 厘米 高 81.5 厘米

（故宫博物院藏）

此黑漆箱铜件用的是明钉，大泡钉明显。业内流行的明钉晚于平钉之说也有待修正。

由于认为四件柜最早出现于清初，所以多瓣如意纹的四件柜要晚于清初。

在明清大漆家具上，可见皇帝年号的官款，如"大明万历年制""大清康熙年制"。而明式家具上，无一具有此类文字。这种情况说明，在当时，黄花梨家具更繁盛于宫廷之外的社会上层，宫廷在家具上更侧重于传统大漆家具。大致到清早期后，黄花梨、紫檀家具被大量进贡，宫廷内慢慢增人其使用比例，与大漆家具此长彼消。至康熙朝晚期，紫檀家具地位才高于其他材质的家具。

图 402~2　黑漆箱抽屉上的彩漆双龙纹

3. 黄花梨灵芝纹顶箱柜

黄花梨灵芝纹顶箱柜（图 403）牙板已经走出光素，分心花上雕刻灵芝纹（图 403-1），两侧曲线外伸，并在两端雕螭尾纹。其雕刻纹饰虽然简单，但图案形态的年代较晚。铜饰上的六合如意纹面叶（图 403-2）、六合如意纹合页（图 403-3）也更加精细纤巧。包脚亦凿镂花饰。其年份较前例（见图 401）为晚，为清早中期之作。

许多光素顶箱柜的形态大致一样，似乎年份早晚难辨，但是，认真观察其牙板的雕刻形态，面叶、合页的繁简以及柜门心板是否落堂等细节，可以确定其年份。

图 403　清早中期　黄花梨灵芝纹顶箱柜

长 133 厘米　宽 62 厘米　高 259 厘米

（中国国家博物馆「承古融今　星汉灿烂——中国嘉德艺术品拍卖 20 年精品回顾展」）

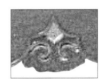

图 403-1　黄花梨顶箱柜牙板上的灵芝纹分心花

图 403-2　黄花梨顶箱柜上的六合如意纹铜面叶

图 403-3　黄花梨顶箱柜上的六合如意纹铜合页

4. 黄花梨灵芝纹顶箱柜

黄花梨灵芝纹顶箱柜（图404）柜体全部平镶，合页、面叶铜饰均为圆形。但腿间牙板的两个装饰符号暴露了它制作年代偏晚。牙板中间为灵芝纹（图404-1）。牙板两端的双牙纹（图404-2）是由螭凤纹身尾演化、简化而来。

图404-1 黄花梨顶箱柜牙板上的灵芝纹

图404-2 黄花梨顶箱柜牙板上的双牙纹

图404 清早中期 黄花梨灵芝纹顶箱柜
长83.6厘米 宽44.6厘米 高180.5厘米
（中贸圣佳国际拍卖有限公司，2016年秋季）

5. 黄花梨鸾凤纹顶箱柜

黄花梨鸾凤纹顶箱柜（图405）体量雄奇，大山堂堂，其貌华滋丰美，如诗如画。这是明式家具的华丽巨制，绚丽多姿，震撼人心。借助此柜可以讨论一下明式家具的评价和标准，笔者曾提出"明式家具个例评价的五项标准"如下。

（1）材料的物理价值。

（2）设计制作的审美和工艺价值。

（3）历史价值。

（4）稀缺性和完整性。

（5）出处和传承。

图405 清早中期 黄花梨鸾凤纹顶箱柜

长156.5厘米 宽77.5厘米 高314厘米

（北京保利国际拍卖有限公司，2017年秋季）

从材料的物理价值看，此对柜高 314 厘米，属超大型。高耸厚重，用材豪奢，大气磅礴。

材料的大小是评价一件器物的重要方面。尺寸大一些或小一些都会直接影响到家具的价值评判。越是高贵材质，每增长一点长度，选材的难度就增大许多。210 厘米高的柜子比 200 厘米高的柜子，其价值绝对不仅是增长百分之十、百分之二十。而 300 厘米以上的超大柜子，价值就更是超比例地增长了。选材、用材是家具物理价值评价的另一个方面。此柜穿越数百年，至今，其木材颜色基本一致，大块的材料上，花纹灿然，像流水、像山谷，鬼脸纹分布各处。所用黄花梨材料密度高，油性大，可见当年配料之精。

从设计制作的审美和工艺价值看，此柜堪称是明式家具图案设计和雕刻的典范之作，是标杆和榜样。家具的设计创意、造型式样、制作工艺、纹饰丰富性等视觉审美要素决定着家具的艺术价值。此柜的艺术价值主要是纹饰的设计和雕刻。

顶箱柜柜门上鸾凤相望（图 405-1），深情顾盼。雄鸾羽尾纷繁，飘然而回首；雌凤独尾，振翼而夺势。它的构图是对角线式的，鸾在右上角，凤在左下角，鸾鸟形成了一种顺时针的流动，另外一件柜门上的鸾凤就是逆时针式的，两者构成了一对。而且，凤和鸾的造型都是扭动的姿态，也增加了动感和优美。通常讲，竖线构图是崇高的感觉，横线构图是稳定的感觉，斜线构图是一种运动的感觉。顶柜柜门图案整体构图是斜线构图的，是追求动感的。但是，底下的凤纹有意把翅膀打开了，振翼欲飞，又构成了一个三角形的底座，整图的感觉又很平稳。最底端为洞石。

竖柜柜门竖长，其上，天空祥云流动，地下山石峥嵘。一天一地，辽阔空间中，鸾凤呈祥（405-2）。更有牡丹佳木充饰其间，三朵牡丹呈"之"字形，围绕凤鸟，暗藏流动之态。牡丹，富贵也。姹紫嫣红，国色天香。设计上，巧匠哲心独运，花朵有变化、有节奏，有的正面盛开，有的侧面怒放，还有含苞待放的花蕾。至于花朵的翻卷，枝叶的摇曳，笔笔栩栩如生。写实复写意，艺术亦自然。山石分成三层，合理使用竖长的面积加强景深。石侧菊花、兰花横斜，幽芳逸致，取梅兰竹菊君子之德。将菊兰图案刻写于黄花梨家具之上，这是明式家具顶峰时期产物。此时，黄花梨家具进入纹饰兼收并蓄期，各种纹饰符号被纳入家具之上。黄花梨家具上出现此图案，十分罕见，难能可贵。

整器雕刻用刀硬猛。手摸之触觉棱角强健，刀斧力道十足，达到了"咯手而不扎手"之态。视觉上，锋刃分明，而打磨光洁，又成"有刀锋而无刀痕"之境。同时，一图之中隐含多个层次。

这是明式家具设计和雕刻上最为精彩绝伦之笔，异彩大放。到清中期，家具上图案雕刻风起云涌，工艺繁盛，炫华绚丽，但少有相同风格的。什么是出色的家具雕饰？从可把握角度看，雕刻形象越准确传神者，线条越精细且变化多而不乱者，笔触密度越大且和谐者，工手越干净利落、越娴熟有力道者，它们的审美含量就越大。一句话，工艺技巧难度越大者艺术品质和价值也就越高。这件实物就体现了这些品质和价值。

图 405-1 黄花梨顶箱柜顶柜柜门上的鸾凤纹

从大概率上看，古代器物纹饰图案的精美度一般是和整体制作难度成正比的，难度又是和加工时间相联系的。工艺品加工价值评价中，必要劳动时间使用越多，其价值就越高。在同一个工艺品领域中，一个作品的价值量与其加工中社会必要劳动时间消耗成正比。用日常语言表达，一般而言，一个器物如果其器形和纹饰制作难度越大、耗工耗力越多，那么，它越是佼佼者。在制作中，高美感的图案装饰是更多的有效劳动力，是更大的工艺难度，是更高级的设计和表现，是形式的增益和外观的丰富变化。

判断一件家具的优劣高低时，如果恰恰它带有纹饰图案，一个可行的方法是先对其纹饰图案进行观察品判。大概率上看，美妙的纹饰图案之下，基本上是杰出的家具作品。

一叶知秋，纹饰图案美妙生动代表着一个器物的整体水准。一如古语云：见微而知著，月晕而风，础润而雨。

从历史价值上看，满雕顶箱柜柜中，如果说黄花梨鸾凤纹顶箱柜比另外已知的三套存世的黄花梨龙纹顶箱柜实物年代要早一点的话，那么这四套满雕的柜子都是康乾富奢时代的见证。一段历史是要有实物见证的，所以越来越强化博物馆的功能，博物馆藏品是见证一个地区、一个国家历史最直观的证明。由历史价值上思考，可以说，这件黄花梨鸾凤纹顶箱柜以及另三件龙纹顶箱柜就是康熙到乾隆这个时期物质文化、器物建造的最直接见证。

这是一件承载明式家具能工巧匠光荣与梦想的重器，它有殿堂级的极致，见证工艺的巅峰和历史的繁华。我乐意把它看做是一首明式家具的赞歌。

古董的稀有性极为重要，存世量越少越好是金科玉律，明式家具尤其如此。仇焱之曾云：藏器当选稀缺。无稀缺器，则在一类别中选品相最佳者。多年以来，已知存世成套的3米以上的黄花梨顶箱柜仅有两套，另一套为黄花梨龙纹顶箱柜，高320厘米，深藏私家，视为镇院之宝。龙纹之柜与本例鸾凤纹顶箱柜，春兰秋菊，各显一时之秀。

此物已然是黄花梨大柜中的数一数二，珍稀且品相完美。它用英国家具蜡长年养护，呈琥珀质地和琥珀色，望之温馨。从稀缺性和完整性上看，它达到了一流的标准。

古董收藏讲究藏品的出处和传承，即在历史上，它出自哪位名家，又传承给何人。具体表现这种出处和传承的形式是所谓"四项全"，即一件古物，在收藏历史上，最好是名人收藏过、

图 405-2　黄花梨顶箱竖柜
柜门上的鸾凤纹

名人著录过、公开展览过、公开交易过。而且,这四项中的任何一项发生的时间越久远越好。名人越多、名头越大越好。古物的保真价值、社会价值、商业价值的认定与"四项全"成正比。

"四项全"在明式家具的个例价值评估上,以前就有所体现,如王世襄旧藏、清水山房旧藏一直如日中天。其作用今后也会越来越大。此柜是"四项全"的杰出代表。它出于北京龙顺城硬木家具厂。当年,老字号龙顺城所收传统硬木家具,卧虎藏龙,当以此为魁首。李翰祥导演见此大喜大爱,购之,成为清水山房名品。1996 年,它经中国嘉德国际拍卖公司公开拍卖,为全场标的最高者。此后,藏家秘藏 22 年,只有传说在江湖中。王雁南主编的《嘉德二十年精品录》曾专册著录此柜。

此柜出自名门,传承清楚而传奇。如此过硬的四项标准,对任何普遍器物都有山不在高有仙则灵之功效,而对于顶箱柜这类巨制珍品更是加持力极大。

在以上所说明式家具个例价值评价的五项标准中,一件家具具有其中的项目越多,其价值越高,而此柜占有全项。它在用材巨大精良、设计新颖、制作精细、视觉美观、纹饰丰富、观念典型、稀缺珍稀、流传有序诸方面超越同侪。

下面再讨论一下顶箱柜的满雕纹饰。中国嘉德国际拍卖公司曾经拍卖过一对黄花梨满雕龙纹的顶箱柜,高 2.8 米有余。故宫博物院藏一对黄花梨满雕龙纹的顶箱柜,高 2.9 多米。北京收藏家藏有满雕龙纹大柜(见图 406),高 3.2 米。本件黄花梨鸾凤纹顶箱柜,高 3.14 米。

三件龙纹顶箱柜比此鸾凤纹顶箱柜年代晚些。因为鸾凤纹柜子的纹饰很灵动,有一种浪漫气息。而那些龙纹顶箱柜纹饰都很规整,有一种乾隆工的匠气。乾隆工繁复、规整、匠气,缺少了明式家具晚期作品的灵动气息。

这四套满雕的顶箱柜聚合一起,给人一些启示:

第一,"满雕"都与非常高大的体量交集一起,一对 2.8 米、一对 2.9 米,两对 3 米以上。在现有资料里,四对满雕顶箱柜都占据着极高的体量,这个好像是偶然,实际上是有必然性。历史上,大型家具也不是随随便便就满雕的,它一定是有体量门槛的,从 2.8 米起跳,到 3.2 米。

第二,这四件黄花梨顶箱柜的高度已经严重地超越人体尺度了。人体尺度实际应是一件家具的尺度,常规的家具应该是合乎人体的使用方便。顶箱柜出现时,就开始接近超越了人体的尺度了。如黄花梨顶箱柜 (见图 400),高 1.98 米,就是接近正常人手抬高的极限。那么现在满雕的这四套顶箱柜都是 2.8 米以上,就更严重地超越了人体尺度,不但超越常人,就是篮球明星姚明身高也被超越。所以,2.8 米到 3.2 米的顶箱柜,除了使用之外,一定还有很大的其他含义。那就是,它一定是要强有力地代表社会地位、权力、财富,是巨大的富贵的符号。家具越增高增大、越严重地超离人体尺度,它不仅仅是实用器,而是一种象征物,是一种社会符号。

第三,顶箱柜发展到顶峰时期,出现了一种新的审美现象,就是装饰上求大求满、崇尚错彩镂金的风格，这是明式家具末期出现的一种新现象，是新的审美倾向，是新的审美范畴。但这个新现象又符合传统工艺品的普遍规律。从工艺品发展史看，代表历代工艺品顶峰时期的顶级制作都有这样的现象，先秦时期的青铜器、汉代的漆器、唐代的金器、元明清的瓷器，都是在顶峰时期出现装饰上的求大求满，都有这种现象。它们代表着某种工艺品最后时期、最高峰时期的制作，这几件明式家具的大柜也反映了这个现象。

或许受现代主义深刻影响的人会认为，雕刻纹饰的家具不如光素家具美，尤其是满雕作品不如光素家具美。如何理解这个问题呢？从明式家具发展史看，满雕作品是在新的时期出现的一种新的审美倾向和概念，不能仅用原来的审美眼光来看它。正如有的艺术史家所说，在不同的时期，要有不同的、新的审美概念和范畴，来认识新的作品。如在西方美术史上，到了立体派时期，你还用原先印象派的那种范畴、概念去解读新出现的作品，肯定就格格不入了。只有认同立体派那种概念，才进入了一个新的美学范畴。如果说光素的作品是一个美学范畴。那么，满雕作品就是一个新的美学范畴了。

明式家具不仅仅有光素简约的，也有繁复绚丽的。我们喜欢那种简洁的、线条感很好的作品。同时，也要有另外的审美范畴去理解那些雕镂绘饰的作品。艺术品欣赏的高标准要求审美观念是多元的。如你强烈地不欣赏满雕作品，那么只能去观赏中央电视台大楼、鸟巢（奥运会体育场），你到了故宫博物院就自寻烦恼了，那里全部是繁华富丽的，全是雕琢的。

第四，顶箱柜是多种精致工艺的荟萃，是工艺的炫示，或者说是高峰时期的炫技。而到了清中期，这种倾向日趋明显，日益发扬光大。

相比光素大柜，满雕大柜要增加设计、施工人员的合作分工。其设计要注重整体、局部设计，以及它们间的协调性。各局部图案要有一种圆融自洽，和整个柜子不冲突，和每个其他构件不冲突，相互达到和谐统一。工艺的增加和成本的提高是成正比的。这么精致华美的雕刻，其工本应该远远超过一件光素顶箱柜的制作费。

在传统文化的图像谱系中，两只美丽的凤头脉脉含情，或依偎，或相对，历史上称之为"鸾凤"，为"鸾凤和鸣"之意，象征夫妻恩爱。这也是古今婚礼祝贺之辞。在传说文化中，鸾为雄鸟，形象上有多个尾羽，凤为雌鸟，只有一个尾羽。鸾凤相互应和鸣叫，比喻夫妻和谐。一鸾一凤深情脉脉之意象，宁静和谐，优美典雅，不同于其他的"子母螭凤纹"图案中的子母（小大）螭凤纹的瞪目而视、张嘴呼喊的画面。

在上古时期，双鸟纹以凤凰相称时，凤为雄、凰为雌。春秋《左传·庄公二十二年》言："是谓凤凰于飞，和鸣锵锵。"但是，当鸾与凤组合概念形成时，按照阴阳五行说，凤就有了另外的雌性的诠释。元代白朴《梧桐雨》第一折言："夜同寝，昼同行，恰似鸾凤和鸣。"明末冯梦龙《醒世恒言》第一卷"两县令竞义婚孤女"云："鸾凤之配，虽有佳期；狐兔之悲，岂无同志。"清代蒲松龄《聊斋志异·陆判》道："岂有百岁不拆之鸾凤耶！"

图 405-3　黄花梨顶箱柜闷仓板上的凤纹

在明式家具上，鸾凤纹代表性作品较多。

鸾凤纹的雌雄之分问题，也是由这套顶箱柜引发人们注意的。大家都认可这两只大鸟是一雄一雌、一公一母，但到底多尾翎的是雄鸟，还是那个少尾翎的是雄鸟？笔者认为，多尾翎的是雄鸟。因为凤纹本身的构成就是鸡头鸟嘴、鹏翅鹤腿、孔雀尾。实际存在的雄孔雀尾部有众多的翎子，而雌孔雀就像一个母鸡一样，一根翎子都没有。有时候在图案上，为了美化它，给它加一根翎子。所以，在一雄一雌构图的时候，也给雌者加上一根翎子，而雄者仍然是多尾翎形象。多尾翎的一定是鸾，少尾翎的一定是凤，这是一种合乎常理的解读。

在黄花梨鸾凤纹顶箱柜柜膛板上，也有图案支持这个观点。其上雕有一对凤纹（图405-3）都是一根粗尾翎的。一对凤纹代表什么？在明式家具的牙头、牙板、站牙上，经常可以看见一对凤纹或一对螭凤头纹，用以表现女性的意象。黄花梨鸾凤纹顶箱柜在整体表达鸾凤呈祥吉祥寓意的时候，又通过凤纹突出了一种女性符号。

在牙板上，如果那是一对鸾鸟（雄鸟），就解读不通了，只有是一对凤纹才可解码。同时，这也说明，这对顶箱柜就是女性陪嫁用的。

那么，陪嫁用品是不是和它的顶级用品级别冲突呢？也不冲突，就是皇家使用也不冲突。皇帝也是人，皇帝家里头也要娶亲，也要成亲。乾隆帝当太子结婚的时候，富察氏就陪嫁了一对顶箱柜。光绪帝、同治帝结婚时，皇后也都陪嫁了紫檀大柜。当然，其费用是内廷提供的。这些都有白纸黑字的档案记载。

不管是太子娶亲或者是公主出嫁，陪嫁大量家具是符合大清婚俗的。而正是由于有了婚嫁文化的促进才导致了所做的家具更尊贵考究。这从现代生活中也能够反映出，日常用品可能不是那么讲究，而在结婚时，尤其是权势人家大婚时，为了家庭的体面，证明和炫示地位、财力，器物一定要做得更好。所以说，婚嫁因素是促进明式家具制作的一个重要因素。

6. 黄花梨云龙纹顶箱柜

　　黄花梨云龙纹顶箱柜（图 406）器型高大，为顶箱柜中最高者。其满饰雕工，典型地彰显了明式家具最后阶段图案的视觉张力，是清早中期明式家具有图案装饰家具的经典代表，表现着壮丽充盈的美学品格。

　　顶箱柜柜门雕四爪云龙云朵纹，竖柜门满雕四爪云龙纹和海水江崖纹（图 406-1）。云龙纹是全柜的主体纹饰，为四爪云龙。其身细长，不及清乾隆时期云龙丰满，也表明年代较早一些。

　　柜膛板上，四条走兽式螭龙大嘴怒张，奔走呼号，呈教子之态，其立足而站的走兽之态，是螭龙纹发展后的形态。正面牙板雕两组走兽式螭龙纹，间以杂宝纹。侧面牙板上雕子母螭龙纹。螭龙纹周围所雕磬纹、瑞云纹、洞石纹、灵芝纹，均为新出现的纹饰，为明式家具顶峰时期的产物。

　　柜的下方的横枨榫头为梯形格肩榫（图 406-2），这种榫头年份晚于尖头格肩榫。明式家具的榫头形态之年代早晚顺序大致是平肩榫、尖头格肩榫、梯形格肩榫。这种结构的变化意味着年代的推进。为了给雕刻留有更大空间，此柜上的合页、面叶处理成细窄长条。合页、面叶、纽头和吊头等铜饰均鎏金、錾花，图案为缠枝莲纹和山石纹。

　　由此柜可见，新的装饰纹饰不断地登场，新的图案风尚大步而来，时为清早中期。从纹饰上看，它们仍与祈子、教子寓意相关。

　　从填漆戗金方角柜（见图 398）到本例黄花梨云龙纹顶箱柜，表明由明代到清代，高品质柜子走过一圈，都会达到同一极点上——繁工重饰，这是它们各自高峰期的标志。

图 406-1　黄花梨顶箱柜
柜门板上的云龙纹

图 406-2　黄花梨顶箱柜
横枨上的梯形格肩榫

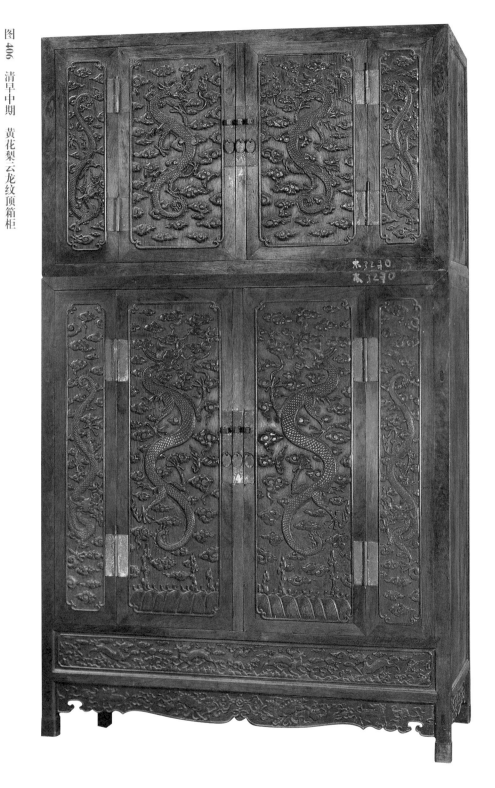

图 406　清早中期　黄花梨云龙纹顶箱柜

长 190 厘米　宽 75 厘米　高 320 厘米

（北京翰海拍卖有限公司，2004 年秋季）

7. 黄花梨落堂式顶箱柜

黄花梨落堂式顶箱柜（图 407）虽然比较简洁，但多个符号表明其年代不早于前例繁复雕刻的柜子。其柜门、箱门已为落堂式，而非平镶。腿间牙板上左右两螭龙（图 407-1）身尾部呈拐子化，两龙中间的螭龙纹（图 407-2）为上、中、下三层阳线状，实为正面螭龙纹之多重变异之果。牙板底缘两端出现回钩状，柜门下横枨为梯形格肩榫（图 407-3）。柜上的合页（407-4）为椭圆形四合云纹。

以上诸点表明本柜年代较晚，但这一切并不影响其优美大气的设计制作。

图 407-1　黄花梨顶箱柜牙板上的拐子螭龙纹

图 407-2　黄花梨顶箱柜牙板中间的变异正面螭龙纹

图 407-3　黄花梨顶箱柜横枨上的梯形格肩榫

图 407-4　黄花梨顶箱柜上的合页

图 407　清早中期　黄花梨落堂式顶箱柜

长 99.5 厘米　宽 50.4 厘米　高 197.6 厘米

（中贸圣佳国际拍卖有限公司，2015 年秋季）

8. 黄花梨落堂起鼓式顶箱柜

黄花梨落堂起鼓式顶箱柜（图408）变异较大，一是小挖马蹄腿（图408-1）与柜框不是一木相连。二是柜门不是平镶，而是落堂起鼓，增加了看面上的凹凸对比。三是柜框和门框不是平面的，而是混面的。这几点都是晚出的，表明其年代晚于前面所述柜子，年代为清中期，应为后明式家具时期的器物。

至清晚期，在红木顶箱柜中，落堂起鼓式样和混面柜框被大量使用。

图 408　清中期　黄花梨落堂起鼓式顶箱柜

长 117.5 厘米　宽 51.5 厘米　高 195.5 厘米

（选自莎拉·韩蕙：《中国建筑中的古代家具》）

图 408-1　黄花梨顶箱柜的小挖马蹄足

三、圆角柜式

圆角柜又称"大小头柜"，柜体由于侧脚而上小下大，因而得名。这种上紧下舒的处理，有稳定的视觉效果。柜帽喷面使上部宽度加大，侧脚导致的收缩感又被释放。所以，它比方角柜更富有变化和优雅感。

圆角柜是明式家具中形态最为稳定的形态，一直变化发展极小，大多数器物难以作历时性的器物排队。但个别器物有明确的年代提示符号，可以确定其时代。

圆角柜从腿（柜框）形看，可分为圆形、方形、瓜棱形。另可细分为闩杆形、无闩杆形、有柜膛形、有架托形等。但这些不是平行分类，局部存正交叉。

（一）圆腿（柜框）型

1. 黄花梨圆腿圆角柜

黄花梨圆腿圆角柜（图409）柜框、柜帽、门框均为圆材，边压窄线。柜身光素，双门间设有闩杆，柜门为程式化的落堂装心板。柜门用材一料双开，花纹对称。"刀子牙板"的牙头扁矮，一木连做。这种扁矮牙头一般出现在较矮小的圆角柜上。其侧面（图409-1）底枨的榫头也为飘肩榫。

这种原皮壳的家具看上去都不太靓丽，而且好像腿足不齐，有高有低。对这种原生态家具的保存方式，恐怕又是仁者见仁、智者见智。圆角柜有三个明显特点。

（1）柜以门轴固定柜门。门轴纳入柜框上下的臼窝，双门可以开关，无需合页。由于门打开后，双门重心向内，可以自动关合。

（2）柜腿侧脚，左右腿外撇，柜子上小下大。

（3）主要通过门框、柜框（四腿）线条完成视觉装饰。

这三点特质，成就了圆角柜自身的美感。但也决定了在此后的清式家具时期，它走向衰落的命运。大多数清式家具侧脚形式荡然无存，形态上下同宽。而圆角柜与此形态是相左的，它不利于方正形纹饰的使用。

在价值评估上，可注重圆角柜的四个细节。它们是此类器物优劣好坏鉴别的基本要点：

（1）170厘米上下是一个重要的分界线，一个柜子若在170厘米以上，会高于人的视线，柜子显得修长高大。整体比例出色，这是最重要的一点。当然，高于170厘米的圆角柜一般比例都较好。而着眼于市场价格，170厘米以上的稀有大型柜与中小型柜价格相差甚巨。

（2）柜门间有两种式样：有闩杆式和无闩杆式。有闩杆柜子的双门间设闩杆，并可活动取下。从外观看，闩杆可使观赏面多出些许线条，观感更佳。闩杆与两边的门框并排，

图 409　明末清初　黄花梨圆腿圆角柜
长 68 厘米　宽 39 厘米　高 108 厘米
（上海私人藏）

图 409-1　黄花梨圆角柜侧面

加之铜门饰，使观赏面中央有凝重装饰感。圆角柜本来就注重线条的组合展示，有无此闩杆，一定程度上决定了它考究与否和审美高下。在功能上，有了闩杆，加锁更为牢固。闩杆的活拿让主人在横向放置较大物品时更为方便。无闩杆的门被称为"硬挤门"。

（3）柜外观造型有二款，一是无柜膛的，二是有柜膛的。无柜膛者双门通贯上下，美观胜于有柜膛者。无柜膛的柜门（又称"通天门""一门到底"）需要长料，其材料的物理价值也高于有柜膛的。有柜膛而视觉比例合理者尚可，若柜膛过于宽大就有比例失当之弊。

图 410　明万历　潘允徵墓出土的榉木圆角柜

图 411　明万历　《李卓吾先生批评水浒传》
插图中的圆角柜

（4）从美感和工艺难度看，圆形柜腿胜于方形，瓜棱形柜腿胜于圆形。瓜棱形柜腿年份偏晚，为方形柜腿的发展形。

　　上海市明万历潘允徵墓出土的榉木圆角柜（图410）展示了当时圆角柜的形态，圆腿内侧出窄边线，柜顶混面上下出边线，柜门框混面出边线，中柱混面左右出边线。直牙板直牙头一木连做。它可以作为明晚期柴木圆角柜的标准器，其闩杆、牙板的扁牙头、圆环式拉手令人瞩目。这一时期有明确纪年的柴木家具一般可作为同期硬木家具的"亚标准器"。

　　在明万历虎林容与堂刻本《李卓吾先生批评水浒传》版画插图上，有圆角柜（图411）图像，上有闩杆，其场景为肉铺。由此可以说，当时包括圆角柜在内的许多家具在功能上是通用的。可以用于商铺，也可以用于家庭。

2. 黄花梨圆腿圆角柜

黄花梨圆腿圆角柜（图 412）柜框、柜帽、门框均为圆材，内侧饰窄边线。柜身光素，设有闩杆，柜门为落堂装心板，后有四条穿带。柜门用材一料双开，花纹美妙，对称一致。

柜高近 190 厘米，高大挺拔，线条俊美。以前述三个价值评估细节观之：三者皆美，为上乘之品。柜内披麻挂灰，髹饰黑漆。

图 412 清早期 黄花梨圆腿圆角柜

长 95.5 厘米 宽 53 厘米 高 189.2 厘米

（中国国家博物馆『承古融今 星汉灿烂——中国嘉德艺术品拍卖 30 年精品回顾展』）

图 413　清早期　黄花梨方腿圆角柜

长 82.2 厘米　宽 45.4 厘米　高 159 厘米

（选自中国国家博物馆：《简约·华美——明清家具精粹》，中国社会科学出版社）

（二）方腿（柜框）型

1. 黄花梨方腿圆角柜

黄花梨方腿圆角柜（图 413）横向的柜帽、门下帐子均为冰盘沿。纵向的四腿、门框、闩杆均为光素方材。而且左右均有捏角线，形成含蓄的装饰。这些都与横向构件的冰盘沿形成对比，生出变化之趣。柜内披麻灰、髹黑漆（图 413-1）。

存世黄花梨圆角柜柜框大多数为圆材，方材黄花梨圆角柜较少。后者品级逊于前者。

图 413-1　黄花梨方腿圆角柜柜内的漆灰

2. 黄花梨方腿圆角柜

黄花梨方腿圆角柜（图 414）的柜框、柜帽的边抹、闩杆、门框和底枨均为方料，捏角线装饰。门板和侧山板呈鼓圆混面状，不同于常见的平面心板。这应是一种地方做法。

牙板下挖卷云纹牙头（图 414-1），这是一种变化后的形态。

图 414-1　黄花梨圆角柜牙板上的卷云纹牙头

图 414 清早中期 黄花梨方腿圆角柜

长 68.5 厘米 宽 39 厘米 高 114 厘米

（北京元亨利艺术馆藏）

（三）瓜棱腿（柜框）型

1.鸡翅柜膛圆角柜

鸡翅柜膛圆角柜（图415）有闩杆。腿为甜瓜棱式，简称"瓜棱腿"。看面为双混面压边线。与之协调，柜帽、柜门边框、横枨均为双混面沿压边线，做工考究。瓜棱腿是后起的腿形，是工艺发展后的表现。所以，它的形态一定有所进步、美化，年代亦晚。

门下有柜膛，柜体不高而有柜膛的制作，便更显得不如"一门到底"的设计。

图 415 清早中期 鸡翅柜膛式圆角柜

长 90.2 厘米 宽 43.2 厘米 高 155.5 厘米

（佳士得纽约拍卖有限公司，1997 年 9 月）

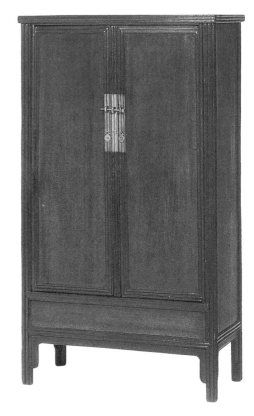

图 416-1 黄花梨圆角柜
牙头上的双牙纹

2. 黄花梨硬挤门圆角柜

黄花梨硬挤门圆角柜(图 416)柜体高大。线脚形态多样，瓜棱腿上平面与混面相间，柜顶面沿中间为混面，上下起线。无闩杆，俗称"硬挤门"。有柜膛，其面上被两个矮老分为三格，下为直牙板，牙头上镂双牙纹（图 416-1），此纹为螭凤纹之简化后符号。 如此修长的牙头也是年代的反映。柜门独板，用料考究，纹如流云飞瀑。

图 416 清早中期 黄花梨硬挤门圆角柜
长 91 厘米 宽 47 厘米 高 185 厘米
（北京元亨利艺术馆藏）

3. 黄花梨高罗锅枨圆角柜

黄花梨高罗锅枨圆角柜（图 417）整体形态与大多数瓜棱腿圆角柜没有太大不同，但其有两个细部较为特殊。

一是腿足下部置罗锅枨，而非为牙板。这是一个特殊的变化，也表明其年代更晚。

二是门上的葫芦形铜吊牌，如非后配，这是晚于一般简单的方框形吊牌的铜饰，也是一种年代标志。

综合以上，可知此圆角柜是变化后之器，年代为清早中期，乃至更晚。其罗锅枨的夸张形态也正是历经岁月换来的，亦是十分难得的一款。

此柜柜内和背后保存麻布漆灰。

图 417 清早中期 黄花梨高罗锅枨圆角柜

长 82.5 厘米 宽 49 厘米 高 134.6 厘米

（选自侣明室：《永恒的明式家具》，紫禁城出版社）

4.黄花梨四抹三段柜门圆角柜

黄花梨四抹三段柜门圆角柜（图418）为瓜棱腿，其看面为双混面劈料。与此形态相呼应，柜帽、柜门及其横抹、底框、闩杆均做成双混面。双混面劈料形式布满全身。

此柜线脚装饰出色，横向构件（柜帽、门框及双抹，下框横材，牙板）线脚良多，竖向构件（柜框、门框双边、闩杆）线饰亦为丰沛。这些无疑为全柜的视觉效应增光加彩。

图 418　清早中期　黄花梨四抹三段柜门圆角柜

长 82.6 厘米　宽 44.5 厘米　高 123.2 厘米

（选自马克斯·弗拉克斯：《中国古典家具图册Ⅱ－1997》）

图 419　明万历　《三才图会》插图中的多抹柜门圆角柜

（选自明王圻：《三才图会》，上海古籍出版社）

　　柜门四抹三段，各段嵌瘿木板。中段上起长方形开光，内浮雕三朵花卉。表现出明式家具末期丰富的装饰手法。腿间为直牙板，牙头极长。这种牙头之器年代较迟。

　　在明代王圻《三才图会》插图中，可见多抹柜门圆角柜（图419），也是四抹三段式柜门，上下段宽大，中段窄小，饰鱼门洞纹。

　　尽管明万历图书插图已见多段式柜门，但黄花梨柜子对这种多段式柜门吸收得极晚，同柜之上的一些较晚年代的雕刻符号可佐证。所以说，对于明晚期的插图图像亦不可机械理解、类比。

　　多段式柜门的做法在漆木、柴木家具上更为多见。

5. 黄花梨四抹三段柜门圆角柜

黄花梨四抹三段柜门圆角柜（图 420）瓜棱腿上双混面，中起一条阳线。柜门为四抹三段，中间窄窄的一段上施以透雕，为金刚杵式纹（图 420-1），其间套有纹饰，后衬瘿木。

门板从整板形式变化为多抹多段式样，这是明式家具末期的一种变化，最初仅是中间一段上饰鱼门洞式图案，到后来，鱼门洞中复加装饰，本例就是代表。

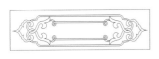

图 420-1 黄花梨圆角柜柜门上的金刚杵式纹（摹本）

图 420 清早中期 黄花梨四抹三段柜门圆角柜

长 45.7 厘米 宽 89.5 厘米 高 173.3 厘米

（苏富比纽约拍卖有限公司，2013 年 9 月）

6. 黄花梨托架圆角柜

黄花梨托架圆角柜（图421）瓜棱腿，柜腿看面为双混面，中间微起一条阳线。无闩杆。双腿间直牙板，直牙头甚长。腿下有双层托架，亦都是长牙头。上下三组长长的牙头形式感极强。

一些圆角柜，尤其是中小型圆角柜，当年制作时，多是有托架的。但在二三百年纷乱的风云变化中，多数实物上下已分离，故有托架者十分难得。

图 **421** 清早期 黄花梨托架圆角柜

长 79.3 厘米 宽 42.6 厘米 高 128.3 厘米

（佳士得纽约拍卖有限公司，2009 年 9 月）

7. 黄花梨细长铜拉手圆角柜

黄花梨细长铜拉手圆角柜（图 422）有几个重要特点，可认定为闽作产物，一是铜拉手细长，二是柜子下横枨两端臼窝处正面隆起，高出中间一段，形成半月状。这两点同时存在一器之上，表明其为福建做工。

同时，此柜有座托，其抽屉下，以细材攒直角度罗锅枨，四根管脚枨间，置攒接曲尺纹的底网。这两点特征也多见于闽作圆角柜上。其门板和侧面均为独板，这也多是闽地柜子的一个特征。

图 422 清中期 黄花梨细长铜拉手圆角柜

长 75 厘米 宽 49 厘米 高 202 厘米

（中国嘉德国际拍卖有限公司，2016 年秋季）

四、碗柜式

双门和侧墙使用攒斗格子图案或透雕图案的柜子为厨房所用的碗柜。这种讲法以前公开论述中讲得少，现在也会有所争议。任何争议中，认真论证的意义都大于想当然的结论。

1. 黄花梨冰裂纹碗柜

黄花梨冰裂纹碗柜（图 423）上半部正面、双侧面攒接冰裂纹。冰裂纹体现着独特的精采，它与众多的横平竖直的规则图案形成反差和变化，但其貌似纷乱变化，实为有序。柜下部为柜门，双门间有闩杆。脚间有曲度饱满的壸门牙板。

柜上部柜门使用白铜合页和面叶，柜下部柜门安装白铜六合云纹面叶（图 423-1）和白铜如意形合页（图 423-2），白铜錾花，也构成了重要的装饰要素，令此柜锦上添花，呈现了极致的华美。它虽是光素之体，但其绚丽的錾花六合云纹面叶、合页铜饰，表明其制作年代一定处于明式家具的巅峰时期——清早期。

许多实例说明，明式家具存在后代超越前代的情景，在更复杂化的审美中，清早期者胜于明末清初者，明末清初者美于明晚期者。这也符合器物文化历史发展逻辑。

有人说，明式家具很低调，我说，它很奢华。看那冰裂纹，还有錾花铜饰，怎一个奢华了得。

这类柜子透格通风，旧时用以盛放碗盘和食物，为碗柜、食物柜。在没有冷藏设施的年代，食物和洗过的碗盘适宜置于通风储具中保存。南方人给它起了个形象的名字，叫"鸡笼柜"，也称为"碗柜"。北方人又管它叫"气死猫"。顾名思义，内储食物，猫隔门可见而不可得食。民间语言直白形象，生活意趣爆棚。这种柜子是当时日常用餐后存放饭菜碗碟的碗柜，透格内旧时还要衬一层格子更细的竹篦子等以防飞虫。这类在当时即是考究的家具，今天看来，自然也珍贵于一般方角柜。

在近年追求"高大上"的黄花梨家具研究和商业语境中，人们已渐渐有意无意地忘掉"碗柜"等旧名。潜在的逻辑是

图 423-1 黄花梨碗柜上的白铜六合云纹面叶

图 423-2 花梨碗柜上的白铜如意形合页

图 423 清早期 黄花梨冰裂纹碗柜

长 109.5 厘米 宽 50 厘米 高 197.4 厘米

（选自《嘉德二十年精品录》家具工艺珠宝名表卷，故宫出版社）

此类多方位精致的柜子竟是"气死猫"吗？有人会愤愤不平，这太不够风雅，于是有了"文人的书柜"一说。它成为画家、诗人盛放书画、图书的专属。

书画、图书都是获得广泛认同的文化象征元素，让家具设法与之联系起来，当然清高优雅斯文了太多。不止收藏家和经营者欢呼，一般听众似乎都会雀跃。

行里人称"气死猫"碗柜，文人云"书柜画柜"，两者似乎雅俗立判。高雅论者连自己都余有荣焉，而且文稿也写得容易许多，随便就可以串到文房一脉的浩瀚史料云海中，繁衍出各型各式的斯文玄奥的文字篇什。但可惜的是，茫茫史料之中，找不到所谓书柜、画柜的史料证据，反倒碗柜、"气死猫"一名由来已久，沿袭下来的名词可证，其功能也合乎生活的逻辑。

笔者也还想寻找一下史料证据，验证一下此式家具历史上会不会曾做他用？最好是找寻历史图像，有图为证，有图有真相。

明晚期、清初的刻本版画插图中，有架格式书架、柜门式书柜图像。如明万历《屠赤水批评荆钗记》（图424）版画插图中的架格式书架。在各种明清人物画中，可见放置图书的家具是架格或实门柜子，但未见"气死猫"碗柜。

由于没有当时更好的资料可以系统性地梳理，退而求其次，只好把眼光下移到更晚的资料上，如《点石斋画报》，它细致入微地反映了晚清社会芸芸众生的生活场景。好在家具的使用功能稳定传承，二三百年不变。

《点石斋画报》是中国最早的旬刊画报，创刊于光绪十年（1884年），停刊在光绪二十四年（1898年），15年间，共发表了4000多幅作品，由上海《申报》附送，每期画页8幅，一事一画，上文下图，它及时反映了时事和社会新闻。当时国内外的大小事件、街谈巷议的奇闻逸事，大家的关注点都会被纳入画报当中。

《点石斋画报》首次突破了中国文人画传统，使用西方透视画法，并与中国传统小说绣像、工笔白描及年画的画法相结合，画作构图严谨，线条流畅简洁优美，视觉展现功能空前绝后。当时参与创作的画家主要有吴友如和王钊等17人。陈平原说："这对于今人之直接触摸'晚清'，理解近代中国社会生活的各个层面，是个不可多得的宝库。正因如此，近年学界颇有将其作为重点研究对象的。"[1]

画报中有大量贴近普通人的社会新闻，可以看到当时的家庭生活、家居格局和家具使用情况，下面撷取其中的书架、书柜、百宝阁、碗柜四种家具，以证论题。

在《点石斋画报》卷中，可以看到，架格式书架（图425）陈列于厅堂中间，架格式书架（图426）倚墙放在书房之中。柜门式书柜（图427）在书房中，晚间被行窃的贼人打开。多宝阁式书架（图428）放置在厅堂侧面，多宝阁式书架（图429）列于书房一

1　陈平原：《图像晚清》序，东方出版社，2014年。

图 424 明万历 《眉赤水批评荆钗记》插图中的架格式书架

图 425 清晚期 《点石斋画报》中的架格式书架

（选自大可堂版：《点石斋画报》，上海画报出版社）

图 426 清晚期 《点石斋画报》中的架格式书架

图 427 清晚期 《点石斋画报》中的柜门式书柜

侧，多宝阁式书架（图 430）置于厅堂侧面。还可以见到，竖棂式"气死猫"碗柜（图 431、432）放在灶台对面和厨房一侧。

上海画报出版社的大可堂版《点石斋画报》共 15 册，原版得于中国嘉德国际拍卖公司，是难得的再版全本。笔者曾本逐页翻找，穿过色彩斑斓的晚清生活，扫描着各式家具，验证了"气死猫"样貌的家具只存在于厨房，他处未见一件。如此，可以确定"气死猫"在清代只做碗柜使用。

由于事件主人地位贵贱高低不同，图画中各种家具档次不一，但是各个类别家具的功能和使用状况是一目了然的。

图 428　清晚期　《点石斋画报》中的多宝格式书架

图 429　清晚期　《点石斋画报》中的
多宝格式书架

图 430　清晚期　《点石斋画报》中的多宝格式书架

图 431　清晚期　《点石斋画报》中的竖棂式碗柜

图 432　清晚期　《点石斋画报》中的
竖棂式碗柜

图 **433-1** 黄花梨碗柜
门上的四合如意纹

2. 黄花梨四合如意纹碗柜

黄花梨四合如意纹碗柜（图 433）双门相对，各四抹三段，上段攒斗四合如意纹（图 433-1），四方连续，纵横交错排列，玲珑剔透。中段装板，浮雕成对如意云纹式鱼门洞。下段落堂嵌瘿子木板，其落堂形式带有偏晚的年代信息。

柜子两侧山上段为攒接十字连圆环纹，做工考究。

图 **433** 清早期 黄花梨四合如意纹碗柜
长 98.5 厘米 宽 51 厘米 高 186 厘米
（选自首都博物馆『物得其宜——黄花梨文化展』）

方角柜、圆角柜本来都是式样稳定性极强的家具，而一旦肩负新的意义，做成碗柜，它们便活力四射，出现奇幻的样貌。正如古诗云："寻常一样窗前月，才有梅花便不同。"把"气死猫"这类柜子还原到古代生活中，才能更清晰地理解它为何如此这般。明清富贵人家生活就是如此考究，日常用餐后就使用这种柜子存放饭菜碗碟。"气死猫"碗柜的华贵，似乎出乎今人的想象能力。请问，各种古代大墓中考古发掘出的那些华美的古代文物，是不是都太多地出乎人的想象能力。

实事求是地描述"气死猫"碗柜，让这等明式家具回到日常用品状态，可以实实在在地还原明式家具使用者的高贵生活品质，给明清活色生香的生活场景找到生动的标本，用实物缩影直观展示明清富贵人家富裕的质感。同时，环顾其他人文学科的理论成果，会更容易理解这种器物的形态和使用。

明清文献对当时社会的浮侈豪奢现象的描述，[1] 可以解码"气死猫"碗柜等高品质明式家具发展原因。

有人了解"明朝那些事"后，骄傲地说"乐意活在明代"，其实准确地说，应是"活在明代晚期"。谁乐意生活在明初呢，生活普遍的清贫不说，朱元璋残暴威权下处处腥风血雨，人人自危。贵极人臣的高官上朝，每天都要考虑一下今天是否会一去不回，每次能下朝回家都要暗自庆幸一次。

"活在晚明"，认识晚明的优雅和富足，不妨从"气死猫"碗柜开始。

在明清时期，正如架子床是最昂贵、最豪华的制作一样，最亲近生活的另一类器物"气死猫"碗柜，也总是以优美不凡示人，它是最具设计匠心和变幻多姿的制作。所见"气死猫"碗柜实物几乎没有重样，是非程式化的，"如天生花卉，春兰秋菊，各有一时之秀"。其设计和制作工艺大多数考究异常，装饰感强烈。

黄花梨材质作品如此，笔者所见的漆木、柴木制作的"气死猫"亦然。它们的奢华精致表明这个品类就是不同凡响，出类拔萃。这是何故？其实，此间隐含着一个谜底，就是这种在生活中接近女性的家具是陪嫁中极被看重的器物，是具有强烈的炫耀性

---

1 详见本书页232-页235。

的。对于高门大户，制作此类家具，其"符号消费"的意味更重，制作也就更为精良。

传统常识认为，消费是一种物质性的活动，是对物的购买、占有和使用。而以符号消费理论看，如果一个商品在进行消费时，不是根据该物的成本或劳动价值来计价，而是按照其所代表的社会地位和权力等计价，那么这个商品就有了"符号价值"，它具有彰显社会等级和进行社会阶层区分的潜在性。

商品消费与某种社会地位、名望、荣誉相联系时，就是符号消费。符号消费中，人们所追求的并非商品的物理意义上的使用价值，商品再也不是简单的物品，而是成为消费者身份、地位、阶层的象征，有一连串附加的文化性。

在这个视角下，器物文化史的许多固化成见需要重新审视和重新解读。当成为排场、荣耀和声望的象征之时，华美高贵的黄花梨柜子作为碗柜，就是一个另样的故事。它盛放饭碗菜碟是否是糟蹋东西、暴殄天物，已经不成为问题。而反过来看，把一件放置图书、书画的家具，打造得那么缤纷绚丽，反倒是没有什么生活逻辑可言。读书人干嘛把书架搞得那么秾丽纷华？明末文震亨《长物志》不是说过吗：

一涉绚丽，便如闺阁中，非幽人眠云梦月所宜。

作为守旧人士，文氏以古直简素为雅，反对华美之器。但他洞见了一种生活现实，那就是家具中的绚丽纷华之物，恰恰诞生于闺阁之中。这也与笔者"婚嫁文化促进了明式家具的发展"之说殊途同归。

可以一言以蔽之，明式家具中，越是繁复秾丽的器物，越是妍秀玲珑的作品，越与婚嫁相关，越与闺房相关。黄花梨材质的如此，漆木、柴木制作的亦然，婚嫁家具的奢华精致突显了先民生活的风雅不凡和生活的品质。

3. 黄花梨十字连方纹碗柜

黄花梨十字连方纹碗柜（图 434）双门上为十字连方灯笼锦纹，灯笼锦纹为委角长方格，其内侧特意镂刻出卷曲的纹饰，十分费工而炫技。侧面为冰裂纹。双门间有闩杆，门内有二层屉板。整体气象空疏，而实用功能也更为强化。

足间有变体直枨，两端稍上扬并雕螭龙纹，枨上饰团螭纹卡子花两枚。雕饰虽不多，但可见雕刻得娴熟。此柜攒接透棂纹、委角长方格内镂出的纹饰、雕刻之横枨、团龙纹卡子花等做法令柜子玲珑剔透而又视觉饱满，为明式家具末期的佳构。

门下横框为梯形格肩榫形态，上下起线与柜框交圈，罗锅枨两端变异，这些都表明其年代之晚。整个器形也表明其为闽作产物。

任何器物，其更强烈的设计华美性及更多制作成就，都和偏晚的制作年代相关联的。

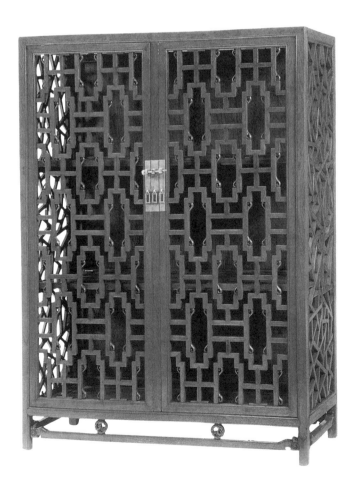

图 434 清早中期 黄花梨十字连方纹碗柜

长 121 厘米 宽 49.25 厘米 高 161 厘米

（选自莎拉·韩蕙：《中国古典家具简约之美》）

明清崇尚侈丽浮靡的盛宴，大致分别始于明正德、嘉靖，狂欢于万历至崇祯，清代康乾年间延续有加。明式家具发展适逢其时，成为这种盛宴间一道貌美味鲜的大菜。清中期，紫檀家具成为主流。黄花梨家具到紫檀家具制作的高峰期与明清奢靡风尚的高峰期是完全重合的，两者发展曲线是一致的。

明清文献对当时社会浮侈豪奢现象的描述，可以视为高品质明式家具发展背景。嘉靖时归有光写道：

江南诸郡县，……俗好输靡，美衣鲜食，嫁娶葬埋，时节馈遗，饮酒燕会，竭力以饰美观。富家豪民，兼百室之产，役财骄淫，妇女、玉帛、甲第、田园、音乐，拟于王侯。[1]

清代康熙《南安县志》言当地婚庆：

多尚华侈，殷富之家，既喜夸耀，而善作淫巧者又逐时习，复导其流而波之，裂缯施采，雕金镂玉，工费且数倍，贫者鬻产以相从，特习俗不古，挽回为难耳。[2]

清康熙《巢县志》记载当地晚明风尚：

至万历末及天启、崇祯初，人争以宫室高大，衣服华丽、酒食丰美为荣，燕会海味错陈者数十种，器用务求精巧，至担夫妇女，亦着彩帛，田农佃户亦设丰席，虽借贷亦为之，非是则以为耻。[3]

当代学者指出：

富有的地主、官僚、商人、士大夫在城市居于主导地位，他们豪华奢侈的生活方式，形成明季一代"俗尚日奢"世风。住所，必有绣户雕栋，花石园林；宴饮，饫甘餍肥，穷尽水陆珍馐；服饰，一掷千金视若寻常；日用，不惜金银作溺器。癖好华贵艳丽的时尚，日益精致的生活享受，使得奢侈品耗费之巨胜过前代，在商品交换中占有突出的地位。[4]

综观以上，可知明式家具就是在这样浮华日隆、竞事华侈的风尚中，泰然登临。从消费角度，探讨明式家具的发生、发展，可以明确黄花梨家具卓越的制作是基于如下的社会形态：工商业、贸易业前所未有的发展，富贵阶层对高品质的园林屋宇和家具器用的追求和消费能力急剧增长，整个社会上层弥漫着考究乃至奢华的消费享乐风气。

几百年前，从物的消费到符号消费已存在于明清市井中。当时置办私家园林、古物时玩、

---

1 （明）归有光：《震川先生集》卷一一，《送昆山县令朱侯序》，上海古籍出版社，1981年。
2 ［康熙］《南安县志》卷一九，《杂志之二》，中国出版社对外贸易公司福建分公司，1979年。
3 ［康熙］《巢县志》卷七，《风俗》。
4 刘志琴：《商人资本与晚明社会》，《中国史研究》1982年第2期。

硬木家具等，不仅是消费某个物体，更是消费一种理念。甚至连间接表现社会地位和财富的"书房"，都已经被消费。《金瓶梅词话》第三十四回中，写到西门庆有一个极为讲究的书房：

> 转过大厅，由鹿顶钻山进去，就是花园角门。抹过木香棚，两边松墙，松墙里面三间小卷棚，名唤翡翠轩，乃西门庆夏月纳凉之所。前后帘栊掩映，四面花竹阴森，周围摆设珍禽异兽，瑶草琪花，各极其盛。里面一明两暗书房，……伯爵见上下放着六把云南玛瑙漆减金钉藤丝甸矮矮东坡椅儿，两边挂四轴天青衢花绫裱白绫边名人的山水，一边一张螳螂蜻蜓脚、一封书大理石心壁画的帮桌儿，桌儿上安放古铜炉、流金仙鹤。正面悬着"翡翠轩"三字。左右粉笺吊屏上写着一联："风静槐阴清院宇，日长香篆散帘栊。"……里边书房内，里面地平上安着一张大理石黑漆缕金凉床，挂着青纱帐幔。两边彩漆描金书橱，盛的都是送礼的书帕、尺头，几席文具书籍堆满。绿纱窗下，安放一只黑漆琴桌，独独放着一张螺钿交椅。[1]

还有更颠覆人们大脑惯常思维的故事吗？

有，另一间"书房"是当时江南"江州才色"第一的名妓谢玉英所用，见诸明代冯梦龙所著《喻世明言》：

> 明窗净几，竹榻茶炉。床间挂一张名琴，壁上悬一幅古画。香风不散，宝炉中常爇沉檀；清风逼人，花瓶内频添新水。万卷图书供玩览，一枰棋局佐欢娱。[2]

名琴、古画、宝炉、沉檀、万卷图书、一枰棋局，这是何等斯文的书房。西门庆和名妓会有这般书房，坊间舆情一直认为书房是画家、文学家们的专属。这里的书房问题，实际就是文化消费问题、文化与经济的关系问题。同时期的明式家具、私家园林、发达的工艺品制作都触及到这个论题。这种奇葩的文化现象更促使笔者打开思路，广泛深入地思考明清时期物质文化的消费。

晚明的世界就是如此神奇，包括家具、园林、古物、时玩乃至书房的流行，实际缘于这种消费现象。经济发达、社会富有、奢侈风行以后，文化、工艺、艺术和各种匠作会迸发前所未有的活力，这绝非是附庸风雅一句话可以简单解读的，更不是简单的"文人引导"等词汇所能概括。

1 （明）兰陵笑笑生：《金瓶梅词话》第三四回，人民文学出版社，2008年。
2 （明）冯梦龙：《喻世明言》第十二卷，人民文学出版社，1984年。

4. 黄花梨螭龙纹茶柜

黄花梨螭龙纹茶柜（图435）为圆角柜式，不同上述数例的方角柜式。虽然它仅柜门上方为通透的，但从风格看也应是碗柜。柜门三抹两段，上段装板，开光内透雕十字花纹和四合如意纹，美如织锦。

柜门下段装板，踩地雕委角开光，开光内雕卷草式对称的双螭纹，身尾波折曼妙。开光下端浮雕变体的卷草形螭尾纹及花苞。双螭尾纹与双螭龙纹组成对称的子母螭龙纹。

壶门牙板中间螭尾纹严重简化为卷珠花芽纹，可见偏晚时期，纹饰简化现象严重。

圆角柜是形制稳定性极强的明式家具，长期少有变化。但它一旦被制作成为碗柜、茶柜，便一改常规，出落得这般美妙，神采飞扬。

图 435　清早中期　黄花梨螭龙纹茶柜

长 73.7 厘米　宽 46.8 厘米　高 101.5 厘米

（佳士得纽约拍卖有限公司，1998 年 9 月）

5. 紫檀竖棂碗柜

紫檀竖棂碗柜（图436）各构件为圆材，形态也不同于以上各例，双门和侧面（图436-1）均为六抹五段，其上中下三个大段上置竖棂，三大段间横向排列两组方框，各成左、中、右三个长方格。形式上纵横交替，产生变化。

柜体又分体为上下两件，下座上置抽屉，其下又有底托。这种竖棂式家具整体出现较晚，出于清早中期，延及清中期、清晚期。其风格与前述《点石斋画报》插图中的竖棂气死猫碗柜（见图431）相近。

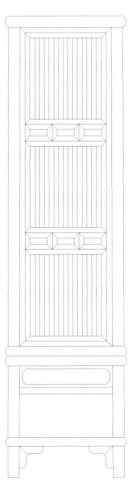

图436　清早中期　紫檀竖棂式碗柜
长 100.3 厘米　宽 48.2 厘米　高 179 厘米
（选自王世襄：《明式家具珍赏》，文物出版社）

图436-1　紫檀碗柜侧面（摹本）

当代法国学者让·鲍德里亚是符号消费理论的创立者，是当代西方研究消费活动和消费文化的著名思想家。他提出了以符号消费为主导的符号政治经济学体系，并概括出消费文化理论。符号消费理论认为，一个商品在进行消费时，其使用属性只是一个方面，更重要的是隐含于其中的某种文化意义和社会价值。后者使它也具有社会意义和文化生命，成为身份、地位、阶层的象征。

试想，当时要使用一件紫檀或黄花梨家具，其木料竟然要跋山涉水从海南岛购入，地方险远，环境恶劣。购买之途有鲸波之险、瘴疠之毒。出产紫檀的印度更是遥远。而且海外贸易商人从事木材的输入，国家实行海禁闭关时，要违法走私偷运。开关年代，海关要课以重税。但此等木材还是如过江之鲫，源源不断而来。

在这里，紫檀、黄花梨家具上木材之物理功能已是次要的，其消费者不再将其视为纯粹的物品，而是将其视为具有象征意义的物品。这些高档材质家具的使用从来就不仅是一般用具的消费，而是代表社会地位和权力的象征意义，是"符号消费"。同一切奢侈品一样，它们的消费不仅仅是物质的使用和感官的享受，更多的是富贵阶层以此显示自己的地位身份。

在2000年前后，相当长的时间内，新仿黄花梨、紫檀家具的价格并不是太贵，社会上大部分人群都不知道什么是黄花梨、紫檀。许多仿古家具厂家的产品当时都存在销路不畅的情况。但这10多年来，其价格年年在涨。10多年涨价几十倍以上，这与整个国家物价上涨水平严重不协调，原因为何？关键是这些年黄花梨、紫檀家具的"符号价值"越来越被强化，并被广泛传播，家具越贵，其符号价值越强化，形成交替循环。

法国另一位社会学家布尔迪厄集中研究了经济资本和社会资本、文化资本之间的区分和相互作用。布尔迪厄将资本分为经济资本、社会资本和文化资本。认为经济资本的拥有者，自然要掌控文化资本，而且其文化资本拥有的层级与其经济资本、社会资本的层级成正比。三位相携而行，文化资本永远是一个不会被忘掉的猎物。经济资本可以更轻易、更有效地被转换成社会资本和文化资本，反之则不然。虽然社会资本和文化资本最终可以被转换成经济资本，但这种转换却不是即时性的。

布尔迪厄并不否认文化产品的独立价值，但是他认为，只有把文化产品置于特定的社会空间，特别是文化生产场中，其独创性才能得到更为充分的解释。其实，物质文化的兴盛，从来都不是"读书人"主宰的。文化成果，尤其是物质文化成果是所有社会精英，尤其是权力精英共同认同的人类智慧，它一定是首先被权力精英、财富精英所占有和消费。

明清时期，在政界走运得意、生意场游刃有余者，以其经济力量、权力人脉、社会关系和个人能力、阅历，可以轻易地认同各类物质文化成果乃至精神文化产品，而且把握着它们的命运。明代园林如此，书画古董如此，紫檀、黄花梨家具亦如此。

传统工艺潮起潮落，其发达飞跃和奢华精致总是与财富时代相连。宋代沿袭下来的木作（以及许多工艺品）是在明晚期以后强大的财富风光中青春绽放、锦绣斑斓的。

这里还要强调，财富投入是激发各个匠作活力和工匠精神的基础，没有资本阳光照耀的工艺之花是永远不会灿烂微笑的。能工巧匠是创造的主体原因，财富增长是其背景。两者是缺一不可的。

晚明社会，占据着广大社会财富的精英人群是奢靡风气的主要推手，是包括紫檀、黄花梨家具在内的奢侈用品的主要消费人群。所谓权力精英、财富精英，包括了多种身份群体的上层。这个人群包括官僚、士绅、商人、山人等，它们身份常常不是单一的，往往一身二任或数任。明代中期以后官僚、商人、地主、文人多身份合一的社会形象十分鲜明，一体多面的"缙绅士大夫"，构成了明清社会的政治和经济权力阶层。

笔者用"三个特殊"对明式家具的产生和发展作了一个概括的总结。即明式家具的主体是在特殊时期、由特殊阶层在家庭特殊事件中制作的。即大多数明式家具是在富裕的明清时期，由富有家庭、家族，在家族最大的家族事件——婚嫁活动中置办的。

这种结论是注重物质生活、文化逻辑和人性特点的归纳，为明式家具的高品质找到真正的发生、发展之因。它还原了历史场景，可以让明式家具研究的意义得到更大的延展，为明清社会史、生活史提供新鲜的资料。尽管这个结论可能一时难以被一些人接受。

明确明式家具的消费人群，可以更准确明了明式家具的商品定位，传统的社会价值观在这里不应是家具价值评判的障碍。工艺史研究中，道德化、情感化的矫饰和美化，已经左右人们太久。

在已往的明式家具史研究中，人们很早就注意了物与社会意义的关联，即家具不仅是商品性的物，还有文化和社会的象征性。但是在探讨之中，有人把它无史实根据地和所谓文人联系在一起，这种无证据、无论证的口号化概念，多少年浮游在明式家具论述领域的上空。

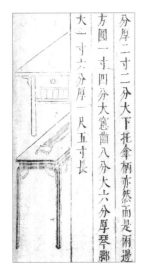

图 438　明午荣 《鲁班经匠家镜》中的闷户橱

五、闷户橱式

闷户橱又常以抽屉数字而命名,两个抽屉的称"联二橱",三个抽屉者叫"联三橱"。

闷户橱的发展是从光素到雕饰发展的。这里大致可以找到一组实例,它们恰似一组"器物排队",刚好可从历时性的变化上,说明黄花梨家具"光素——装饰初萌——繁复装饰——极端装饰"的演变过程,见证明末清初、清早期、清早中期几个发展时段及其几种装饰形态。

1. 黄花梨联三闷户橱

黄花梨联三闷户橱（图 437）全身光素,只存翘头、线脚和铜饰,不涉雕工,比例和谐,整体舒展大气,内敛秀美,年份较早。

在明万历（崇祯）午荣《鲁班经匠家镜》版画插图中可见到闷户橱（图 438）。

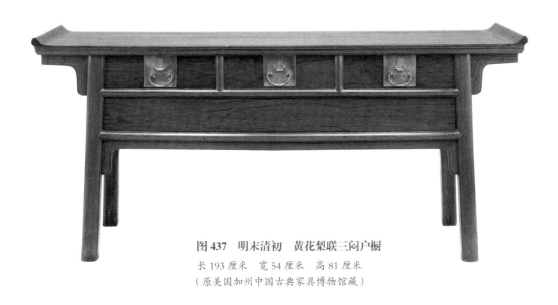

图 437　明末清初　黄花梨联三闷户橱
长 193 厘米　宽 54 厘米　高 81 厘米
（原美国加州中国古典家具博物馆藏）

2. 黄花梨联三闷户橱

黄花梨联三闷户橱（图439）有翘头，吊头下牙头加长，且边缘呈台阶状，有演变发展之态。抽屉面板贴加券口装饰。三个拉手铜饰赫然醒目。此橱虽无雕刻之迹，但有锼挖曲线之工，显示了装饰之意图。

图 439　清早期　黄花梨联三闷户橱

长 180.3 厘米　宽 55.6 厘米　高 82.5 厘米

（佳士得纽约拍卖有限公司，2003 年 9 月）

图 440-1 黄花梨闷户橱角牙上的双牙纹

3. 黄花梨双牙纹闷户橱

黄花梨双牙纹闷户橱（图 440）有翘头，橱体虽貌似光素，但吊头下角牙镂挖双牙纹（图 440-1），是发展既久的纹饰。壶门式牙板分心处为有肩式，两端下缘曲线迂曲多变，有多重牙状纹饰，与吊头下角牙的波折变化相呼应，也表明其年份为晚。方正硕大的两个铜面叶异常醒目，为略显平淡的主体观赏面带来了变化。

此联二橱上，来自翘头、吊头、牙板的曲线装饰，给人带来了活泼美妙的视觉效果。

图 440　清早中期

黄花梨双牙纹闷户橱

长 151 厘米　宽 63 厘米　高 82.5 厘米

（选自莎拉·韩蕙：《中国建筑中的明式家具》）

4. 黄花梨翼龙纹闷户橱

黄花梨翼龙纹闷户橱（图 441）各个部位全面铺陈，雕琢图饰。抽屉面板和牙板下雕丰满的螭尾纹。闷仓面上雕有一对翼龙纹（图 441-1）。螭龙之身加以两翼，称为"翼龙"，属于螭龙纹体系中变异的一支。两只翼龙中间为火珠纹，也是变异后的形态。

翼龙纹和火珠纹被吸纳、使用于家具上，应是工匠在纹饰发展中求异求变、社会风尚夸示豪奢的结果。其年代自然也偏晚。

闷户橱，有案面以摆放器物。有抽屉以盛放日用品。有闷仓以放置非常规的"细软"用品。闷仓是一种安全的储藏空间，其

图 441　清早中期　黄花梨翼龙纹闷户橱

长 199.5 厘米　宽 52.5 厘米　高 86.5 厘米

（中国嘉德国际拍卖有限公司，1995 年秋季）

图 441-1　黄花梨闷户橱闷仓上的翼龙纹

图 442　明崇祯　聚锦堂《西湖二集》插图中的闷户橱和提盒

中放置的东西只能打开抽屉后才能取出。这种结构犹如是一个保险柜，功能性非常强，适合放置不常使用的贵重物品。

闷户橱是案与柜的结合，是家具中功能最周全者。从众多的明代刻本版画看，作为卧室用具，它的使用功能多为女性的梳妆台。

明代刻本版画插图中有一系列闷户橱图像，如明万历（崇祯）午荣《鲁班经匠家镜》插图中的闷户橱（见图 438）。明崇祯聚锦堂刻本《西湖二集》（图 442）、明崇祯聚锦堂刻本《金瓶梅词话》版画插图（见图 397）也可见闷户橱及提盒。

这些刻本版画插图昭示，明末卧室家具中，闷户橱为功能固定的梳妆台，上有镜台、镜架，提梁盒为梳妆包。橱旁的小方角柜与衣箱搭配成上下格局，卧室的卧具外，还有一个带推门的"小房子"，构成今天难以见到的睡眠空间。它与拔步床有异曲同工之妙。只是今日这种介于建筑和家具之间的构造已荡然无存。王世襄说：

> 闷户橱不论抽屉多少，又叫"嫁底"。因过去嫁女总要陪嫁一两件闷户橱。橱上或放箱只，或放掸瓶、时钟、帽筒、镜台之类，用红头绳绊扎。故"嫁底"是由于它作为嫁妆之底而得名。[1]

明清时期，许多地方约定俗成，女方嫁妆中必含家具，一般人家，起码含有梳妆家具，诸如镜台、闷户橱。一定意义上闷户橱就是梳妆台，为嫁妆之底，俗称"嫁底"。家境厚足者，还陪送有衣架、洗脸盆、架子床等。更富有者，嫁妆中包含厅堂家具在内的所有家具。

明清时期，嫁妆具有极强的身份证明和社会地位的象征意义。越是官宦富有的家族越注重这点。有社会地位的家族总会利用婚嫁这种家族的重大活动，对外表明自己的风光得意，有钱有势，有成就。嫁妆也是女方落户新家庭后的自有财产，成为在新家庭中的一种权利。这些是促使闷户橱一类家具格外雕藻华丽的重要原因。

1　王世襄：《明式家具研究》文字卷，页 87，三联书店香港有限公司，1989 年。

图 443　清早中期－清中期　黄花梨灵芝螭龙纹闷户橱

长 149 厘米　宽 47 厘米　高 87 厘米

（选自中国古典家具学会：《中国家具文章选辑 1984—2003》）

图 443-1　黄花梨闷户橱牙板上的灵芝螭龙纹

5. 黄花梨灵芝螭龙纹闷户橱

　　黄花梨灵芝螭龙纹闷户橱（图 443）上多个构件雕有繁复的图案，雕刻面积加大，图案愈加秾丽，显示出其年代特征。

　　抽屉面板贴壶门式券口，上雕螭尾纹，形态极为丰满。闷仓面板上，两侧雕洞石花卉纹，中心壶门式开光中雕草芽纹，这些纹饰在闷户橱上前所未有。牙板上两条螭龙口衔卷草，尾部出现灵芝纹（图 443-1）。螭龙纹与灵芝纹结合成为灵芝螭龙纹，为新晋纹饰形态。其年代为清早中期乃至更晚。

6. 黄花梨灵芝螭龙纹闷户橱

　　黄花梨灵芝螭龙纹闷户橱（图 444）有三个抽屉，抽屉上贴壶门券口，雕螭尾纹（图 444-1），挂牙硕大，雕正面螭龙纹（俗称"猫脸"，图 444-2），螭尾纹长曳，纷卷如卷草，而且螭龙口衔灵芝纹。牙板两侧下缘亦雕正面螭龙纹，亦口衔灵芝纹，长尾纷繁。牙板分心处雕两朵灵芝纹（图 444-4）。按照笔者的理解，灵芝纹可能为螭凤纹的表现符号。

　　此橱底里髹红漆，历经数百年时光，面貌如黑漆状。全身为原始皮壳，各个构件皮色一致，但有层次。

图 444　清早中期　黄花梨灵芝螭龙纹闷户橱

长 199 厘米　宽 62.5 厘米　高 87 厘米

（河北刘树清藏）

图 444-1　黄花梨闷户橱抽屉面板上的螭尾纹

图 444-3　黄花梨闷户橱牙板两侧的螭龙灵芝纹

图 444-4　黄花梨闷户橱牙板上的灵芝纹

图 444-2　黄花梨闷户橱
挂牙上的螭龙灵芝纹

7. 黄花梨螭龙寿字纹闷户橱

黄花梨螭龙寿字纹闷户橱（图445）三个抽屉的券口牙板上，均雕饰拐子式螭尾纹。

牙板增肥加大，左右对称各浮雕大小五条螭龙，中间拱捧螭龙体寿字，形成多组子母螭龙纹。螭龙身躯多段圆曲，尾部成方折形拐子纹。宽阔的吊头下，挂牙透雕大小螭龙纹。

婚嫁家具通过纹饰的繁复斑斓显示其炫耀性的特征，这在闷户橱上尽显无遗。仅注意某些闷户橱夸张的牙板和硕大的挂牙就可见其膨胀的装饰之心是何等激烈。但从美感上，也应要防止过度或失度装饰带来的琐碎与臃杂，那样在格调上会令人感到靡弱失品。

图 445　清早期　黄花梨螭龙寿字纹闷户橱

长 191.8 厘米　宽 80.6 厘米　高 85.7 厘米

（苏富比纽约拍卖有限公司，1997 年 9 月）

8. 黄花梨螭龙寿字纹闷户橱

黄花梨螭龙寿字纹闷户橱（图446）巨大牙板上左右两侧各雕大小不一、对称的螭龙纹。螭龙上有大量拐子纹，繁缛茂密，形近堆砌。牙板中间，上下两个寿字有成双成对寓意。挂牙明显增大加肥，也是透雕。

明式家具是发展的，也是多元的，有简约质朴的，也有雕刻装饰的，还有过度雕刻装饰的。其艺术风格难于简单一两句话概括。

古代艺术中，任何门类的作品都需要一定的装饰，但装饰从来不是越多越好，过犹不及。同理，明式家具的翘头制作也是节制者则优。若翘头硕大，如庙观之物，则失之过度。

在各个时期，闷户橱的需求量都较大。它在清中期、清晚期仍有制作，其中不少使用了二手材料。大量实物上，多有旧家具拆后遗留的榫眼，尤其从橱后观察更容易发现。

本节所见闷户橱，均有翘头。翘头不仅案子上有，也多见于闷户橱，其作用是使器物有一种向上的视觉，减轻巨大体量的沉重感。

图446　清早中期　黄花梨螭龙寿字纹闷户橱

长 134 厘米　宽 55 厘米　高 87 厘米

（选自布雷德利：《中国家具》）

六、柜橱式

在明万历、崇祯刻本的版画插图上，多见闷户橱，但未见柜橱。柜橱是在闷户橱基础上发展的，它将闷户橱的闷仓改造成柜门，封闭的空间变成开放的形式，在年代上自然也较晚。

1.黄花梨联三柜橱

黄花梨联三柜橱（图447）有翘头。由于橱身沉重，此类家具均有翘头，以调剂视觉。橱面下有三个抽屉。再下面为橱门。吊头下置云纹牙头，上有圆珠加固。

橱门两侧为余塞板式，这是较晚出现的做法，多见于柜或橱之上。

此橱整体光素，没有雕饰，侧脚明显，貌似年代较早，但柜橱出现本来就晚，余塞板也出现较晚。

图 447　清早中期　黄花梨联三柜橱

长 215.5 厘米　宽 60.5 厘米　高 91 厘米

（故宫博物院藏）

2. 黄花梨联三柜橱

黄花梨联三柜橱（图448）有翘头，三个抽屉。柜门对开，其两侧余塞板固定在橱体上。其下为壶门牙板，吊头下挂牙曲线委婉精致。四腿挓角较大，体态舒展优美。

本例和上例柜橱代表着此类家具的成功之作。

图 448　清早中期　黄花梨联三柜橱

长 165.1 厘米　宽 48.3 厘米　高 88.9 厘米

（苏富比纽约拍卖有限公司，1997 年 3 月）

第七章 架格类

一、格板架格式

　　从实物看，明式家具架格的演化、发展脉络应是由横向格板（屉板）式的三面敞开型变化为栏杆型，最后发展为多宝格型。这是一个由虚致实、从简到繁的过程。

　　横向格板式架格以横向格板分割上下空间，其中包括三面敞开型和栏杆型。从所能见到的实物看，这类架格的制作年代均晚于明晚期。

1.黄花梨三面敞开式架格

　　黄花梨三面敞开式架格（图449）极其简洁光素，正侧三面敞开，古直无饰。但并不能如此就简单认定其制作年代偏早，原因是其各层屉板为落堂式做法，其年代晚于平镶式式样。

　　可以观察到，有后背板式样的架格极少，所见其他实物多为各层上增置围栏。

图 449　清早期　黄花梨三面敞开式架格

长 79.5 厘米　宽 32.2 厘米　高 174 厘米

（选自马克斯·弗拉克斯：《中国古典家具私房观点》，中华书局）

这里可以通过明代黑漆描金云龙纹架格(图450)来理解黄花梨家具中架格的初始形态。

黑漆描金架格分三层，架格中间的两个横枨为齐肩榫。三层正面敞开，两侧各置壶门牙板圈口，腿足间三面置直牙板直牙头，退入腿内安装，而非平镶。全部构件均内外起线装饰。

架格第一层上方，填金阴刻"大明万历朝制"款。如姑且认定此款不伪，本架格的式样和纹饰便具有了大漆器家具标准器意义，成为一把标尺。

全身以洒螺钿描金绘饰，每层背板描金绘双龙戏珠纹（图450-1），其上为朵云纹，下为海水江崖纹。格板、壶门牙板上均有描金纹饰。背板背面上分别绘月季纹、桃纹、石榴纹。

黑漆描金云龙纹架格上这种云龙纹、海水江崖纹，在清宫旧藏的明代大漆家具和剔红器具上常可见到。但在早期、中期明式家具中都不曾一见，晚期仅有个例，也不尽相似。

图450-1　黑漆架格背板上的双龙戏珠纹

图 450 明万历 黑漆描金云龙纹架格

长 157 厘米 宽 63 厘米 高 173 厘米

（故宫博物院藏）

在明晚期，黄花梨家具对大漆家具的装饰成就一无所取。硬木家具无需漆饰，而当时雕刻工艺一时又未发展起来，也就没有图案可言。

这就是传统古典家具中两个不同子文化系统的不同表现，它们有各自的纹饰模式和发展链。这也是笔者不同意不加区别地、机械地用漆木家具和剔红器具作为明式家具的断代标准器之因。

但是，明式家具在初生之际，模仿和拷贝了大漆家具中最简洁的式样。它们开始时，实际出自柴木工匠之手。所以在式样上，明万历时期的漆木家具资料对当时黄花梨或紫檀等硬木家具式样的认识有重要的参考价值。明万历是明式家具发生和刚刚发展的特殊时期，此时，硬木家具与柴木（软木）家具式样一致性极大。明万历黑漆描金云龙纹架格正侧三面敞开之式是理解早期黄花梨架格式样很好的参考资料。

黄花梨架格同所有的明式硬木家具一样，在初生之际表现出两大特征：

1. 由于材料的稀有珍贵，早期黄花梨家具对漆木、柴木家具式样的宗袭、仿制和拷贝是有选择，从今天所留下的遗物看，漆木家具中式样简洁者成为主要的取法对象。这一点，也是许多资深行家认同的。

2. 黄花梨家具对于漆木、柴木家具的纹饰未予任何吸收。由于雕刻工艺的未臻成熟，早期黄花梨家具没有雕刻图案。但在清早期以后，明式家具不断开辟着自己的形制、纹饰发展之路，或式样上变异，或纹饰上踵事增华。总体上，发展轨迹是由简素演变为繁复，形式日益绚丽。

可以注意到，这个明晚期的大漆架格的隔板横框榫头均为齐肩榫（图450-2），在目前曝光资料中，此类齐肩榫黄花梨架格实物遗存几乎未见。榫卯形式是判定黄花梨家具年代的重要标志。有一些简洁的实物貌似年代偏早，但其榫卯上带有偏晚的特征，如梯形格肩榫，则是偏晚的制作。

图 450-2　黑漆架格隔格板横框上的齐肩榫

2. 黄花梨绦环板栏杆架格

黄花梨绦环板栏杆架格（图451）分为上下四层，各层侧面、背面加栏杆式围栏，三面栏杆均攒框打槽装板，板上挖双如意纹式鱼门洞作为审美看点，增加了观者愉悦的感受。

黄花梨架格发展的"踵其事而增华"，是从增加围栏开始的，并且，它也一路相伴下去。围栏成为观察这类器物变化的细部特征或小符号。

图451　清早期　黄花梨绦环板栏杆架格

长141厘米　宽45厘米　高175.2厘米

（佳士得纽约拍卖有限公司，1994年12月）

3. 黄花梨螭龙螭凤纹架格

黄花梨螭龙螭凤纹架格（图452）是雕饰类架格的代表，其最显耀处是其上的一对抽屉面板的委角开光内，雕有子母螭龙螭凤纹（图452-1）。大螭龙、大螭凤形态奇异旋动，其间有简化状小螭龙，大螭凤的上颌演变呈开花状。螭龙和螭凤形象在不断营作中，异象纷呈，但其寓意依然如初。

此架格有缤纷满目的装饰态势，华美和空灵二者兼得，这代表了清早中期的制作水平和审美品格。

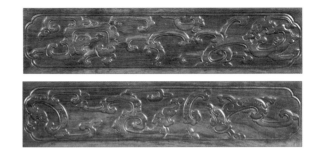

图 452-1　黄花梨架格抽屉面板上的螭龙螭凤纹

图 452　清早中期　黄花梨螭龙螭凤纹架格

长 98 厘米　宽 46 厘米　高 177.5 厘米

（选自庄贵仑：《庄氏家族捐赠上海博物馆明清家具集粹》，两木出版社）

4. 黄花梨四面围栏架格

黄花梨四面围栏架格（图 453）形态不同于以上各款架格，四腿为圆材，所有横材也是混面。三层格板上四周围以栏杆，每个栏杆上置卡子花，第一三层为扁圆形卡子花，第二层为海棠形卡子花，而且两端置有凹型角牙，形成变化。

它虽然形制极简洁，但有突出的偏晚年代符号，正面加上了围栏，形成四面围栏，这是晚出的式样，在清中期、清晚期都尚有延续。如光绪年《点石斋画报》版画插图中就有四面围栏式的书架（见图 425）。

这种式样简洁、与常规发展形态不同、年代已晚的黄花梨家具就是明式家具第二发展轨迹上的产物，也属于"后明式家具时期的器物"。

图 **453** 清中期 黄花梨四面围栏式架格
长 113 厘米 宽 43 厘米 高 165 厘米
（香港两依藏博物馆藏）

二、多宝格式

1. 黄花梨螭龙纹多宝格

黄花梨螭龙纹多宝格（图454）见证了明式家具的架格向清式多宝格的演化，同时更突出表现了观赏面不断加大法则的效能。其构造上，共分四层：

第一层中间置有立墙，将此层分为左右两部分，应是清式家具多宝格每层分出多个小格的萌芽。第二层上，右侧加设小门，形成储物柜，这是多宝阁柜门的雏形。

第一二层构件的增加使观赏面更加丰富，器物形态也演变为多宝格，形态接近清中期之物。

第二层透雕栏板上，螭龙纹之间为灵芝纹（图454-1）。

第三层栏板上雕缠枝莲纹和变异寿字纹（图454-2）均为较晚时期出现的纹饰。

此柜保留着明式家具的基本形态，又增加了新的符号。诸项综合看，此格年代应为清早中期，或更晚。

新式立墙和柜门，对于倾心于传统明式架格者来说，可能有一点遗憾，但对于家具的变革发展来讲，这是新时代的曙光。它是明式架格向清式多宝格（阁）演变的例证。

笔墨当随时代，建筑当随时代，家具当随时代。墨守成规是艺术和工艺的大敌，也与人类喜欢创新变化的本性背道而驰。这就是本例尤应得到重视之处。

人们以古代艺术品、古董来对待黄花梨家具，情愿它们的式样总是那么一成不变，保留几根棍，加上几块板，构成架格的旧式。但是，明式家具作为高档消费用具，其一式一

图454-1　黄花梨多宝格栏板上的灵芝螭龙纹

图454-2　黄花梨多宝格栏板上的缠枝纹和寿字纹

图 454 清早中期—清中期 黄花梨螭龙纹多宝格

长 86.5 厘米 宽 39 厘米 高 146 厘米

（选自安思远：《洪氏藏木器百图》）

饰均随时尚流行而动，与时俱进。在任何奢侈品市场上，越珍贵的材质越强烈地表现出不断的变化性，黄花梨家具也是如此。

一般架格的屉层结构为横向划一的构造，当其增加了围栏、竖墙、抽屉、柜门，破坏了原有的式样，就成为了多宝格。在清雍正年，称之为"什锦槅子""宝贝格"，多宝阁的称谓应来自清乾隆年后。

从清雍正帝的画像看，新晋的多宝格与雍正帝缘分匪浅。故宫博物院藏《十二美人图》第十幅图中，在仪态万方的仕女后面和侧面，陈设着典型的黄花梨多宝格（见图31），色彩不同于各色漆木家具。由花纹、颜色可以认定它为黄花梨制作。此多宝格，由竖墙支撑架板，以正方、扁横方、竖长方分割成不同的空间，其中摆放着图书、文玩古物。

可以明确，作为清式家具的三大新款式之一的多宝格，在康熙晚年间，已出落成熟。多宝格上以攒花牙做圈口，一般会认为是清中期的范式，但出乎常规经验的是，本图真切地就是康熙末年之作。当时，胤禛尚为雍亲王。与《十二美人图》中的架格相比，本件黄花梨多宝格的年代应更早或相当。

《十二美人图》是雍正登基前皇子藩邸生活时的观赏品，而故宫博物院所藏《雍正行乐图》就是他成为皇帝后自娱自乐的自画像了。这套系列画的第十五图表现隆冬季节，雍正帝在炉边读书，在画面一角，高大的多宝格（图455），清式气息强烈。紫红底上有木纹，为紫檀制。其上描金作画，向为雍正时期特色。其上横屉纵隔交叉设计，分割成大小不一的空间。装饰不同的拐子式花牙，或罗锅枨加矮老。有两对小抽屉，前脸均绘圈口装饰。下部为柜门，面上黑漆描金绘洞石花卉。合页、面叶、钮锁均呈金色。牙板上饰回纹。此时的多宝格较《十二美人图》的器物已进化一步，有抽屉、有大柜门，繁复了许多。再看雍正朝清档记载：

> 朗中海望奉旨，九州清宴陈设的宝贝格（按：多宝格）二架，系楠木，内安古玩，看着不起色，尔照此尺寸另做黑漆格二张，如隔板雕花不能做漆的，尔将两面隔断板或方形、圆形、腰圆形、长方形，酌量配合，俱各挖透……将格内安玛瑙、玉器、磁铜古玩等件，座子、架子、内有应漆做收拾，改做、另做者。尔照朕指示做样呈览，准时再做。钦此。[1]

在清档记载中，类此"旨意"的还有多条，不必一一复述。但可归纳出，无论是在表面不问时事的"天下第一闲人"的亲王时，还是在朝乾夕惕之际，雍正一生对多宝格都念念在兹。

这些多宝格，正视形态多端，琳琅满目。侧视，亦有方圆各式不同开光，变幻无穷。由它发生、发展的轨迹，可以看出，观赏面不断加大法则像神灵一样的魔力一直发挥效力。

---

1 清雍正《各作成做活计清档》，雍正七年五月二十八日，台北故宫博物院。

图 455 清雍正 《雍正帝行乐图》中的多宝格

（故宫博物院藏）

三、亮格柜式

亮格柜是格与柜的结合体，又称为"万历柜"。明式家具最早流行使用的年代为明万历朝，而以万历为名的家具只有万历柜一项，为何如此？暂时无解，这正像一些明式家具名称的由来一直是历史之谜一样。

虽然名为万历柜，但是此类遗物实证几乎全是清早期之作。可分为直腿型和三弯腿型。

（一）直腿型

1. 黄花梨万字纹亮格柜

黄花梨万字纹亮格柜（图 456）双层亮格上，正面为直牙板券口。侧面直牙板券口下置万字纹栏板（图 456-1）。柜门平镶，饰圆形面叶，吊牌椭圆。所有横枨均为尖头格肩榫。

整个柜子气象古质，唯有双层亮格应是单层亮格的变异形态。年代较早。

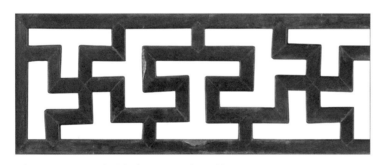

图 456-1　黄花梨亮格柜亮格上的万字纹栏板

图 **456** 明末清初 黄花梨万字纹亮格柜

长 95.5 厘米 宽 47.5 厘米 高 172 厘米

（广东留余斋藏）

2. 黄花梨亮格柜

黄花梨亮格柜（图 457）上部亮格三面开敞，无围栏、无牙板装饰，其下部如标准四面平方角柜，恰似极端简洁的架格与极端简洁的方角柜的上下结合。

双门平镶，铜面叶硕大醒目，饰八合如意纹（图 457-1），表明年代最早不过明末。平镶刀子牙板。柜上三道横材均为格肩榫式。

亮格柜中，有闷仓和无闷仓者都存在。大多数万历柜没有闷仓，而本柜双门下有闷仓。在王世襄《明式家具研究》J14 图为有闷仓亮格柜。中国古典家具学会《中国家具文章选辑 1984—2003》中，也记有一件带闷仓万历柜。

图 457　明末清初－清早期
黄花梨亮格柜
长 88.8 厘米　宽 49.9 厘米　高 173 厘米
（选自伍嘉恩：《明式家具二十年经眼录》，紫禁城出版社）

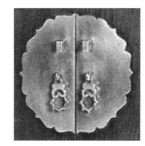

图 457-1　黄花梨亮格柜
门上的八合如意纹铜面叶

3. 黄花梨通围栏亮格柜

黄花梨通围栏亮格柜（图 458）的亮格上饰以壶门式牙板券口，牙板上左右各雕螭龙纹，两螭龙之间为螭尾纹，构成左右两组子母螭龙纹，意为苍龙教子。券口下设通栏杆，并由两矮老分之为左中右三组。其上绦环板雕梅花等，为喜鹊登梅纹之简体化。足间牙板雕螭尾纹，下缘曲线变异严重。

此柜柜门内装有一对抽屉（图 458-1），抽屉框上，钉有一对门鼻，当柜门关上时，门钮头穿过门框和面叶，在门外可以上锁。

图 458-1　黄花梨亮格柜门内的一对抽屉

图 458 清早期 黄黄花梨通围栏亮格柜

长 107.5 厘米 宽 58.5 厘米 高 187 厘米

（北京元亨利艺术馆藏）

4. 黄花梨双望柱亮格柜

黄花梨双望柱亮格柜（图 459）上部正面饰以壶门牙板券口，牙板左右各有四个尖牙纹。其下设双望柱，形成左右双栏杆形式，各自的绦环板上透雕螭龙纹。苍龙教子图像广泛地出现在明式家具的各种器物上，也包括亮格柜。

券口下左右分别装栏杆，中间无栏杆，在功能上更利于器物的出纳摆放，在功能上有匠心，在审美上则有错落变化之态。

柜门上下框横材为梯形格肩榫，其下牙头曲线回勾，这些均表明其年份偏晚。

图 459　清早中期　黄花梨双望柱亮格柜

长 116 厘米　宽 68 厘米　高 185.5 厘米

（苏富比纽约拍卖有限公司，2007 年 3 月）

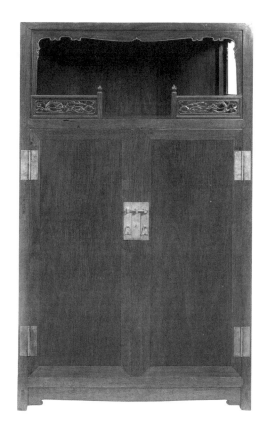

5. 黄花梨落堂式亮格柜

黄花梨落堂式亮格柜（图460）上部为券口式，横牙板上雕螭龙纹和回纹，螭龙纹中间为寿纹。其下为左右栏杆，各自心板中透雕螭龙纹。

回字纹固然表明此柜年代偏晚，本柜还有其他偏晚年代信息，柜门为落堂式。此前所述的亮格柜柜门是平镶式，均非落堂式。

足间牙板较宽大，两端回勾。其上雕饱满螭尾纹，向更圆润肥硕方向发展。这些均是年代迟晚的象征。

牙板螭尾纹与亮格上的螭龙纹相互呼应，均为苍龙教子的寓意。

6. 黄花梨落堂起鼓式亮格柜

黄花梨落堂起鼓式亮格柜（图461）之华美变化同样表现在亮格上。其左右上角均饰角牙，雕委婉的卷草形纹饰，中有双牙纹。角牙代替了以前常见的券口。下部围栏分为三段，左右角为超大角牙式，上雕子母螭，三条螭龙大小不一。其中间连以透雕板，上雕对称的螭龙寿字纹。整体形成高低错落的栏杆。正面和两侧围栏设计格局一致。其围栏为双望柱式围子的演变式。

柜门门板为落堂起鼓新式样，这表明此器年代较此前平镶式亮格柜晚。装心板上落堂起鼓的做法多见于清中期、清晚期家具上。此件亮格柜年代应为清中期，属于后明式家具时期的器物。

柜门下横框两头为梯形格肩榫，足间壶门式牙板中间雕正反相背拐子纹，左右两侧大螭龙纹的尾部亦呈拐子纹状，两者的拐子式形态相一致。

图 460　清早中期　黄花梨落堂式亮格柜

长 92 厘米　宽 59.5 厘米　高 204 厘米

（故宫博物院藏）

图 461 清中期 黄花梨落堂起鼓式亮格柜

长 111 厘米 宽 56 厘米 高 185 厘米

（中国国家博物馆『大美木艺——中国明清家具珍品』）

·560·

7. 黄花梨双层式亮格柜

黄花梨双层式亮格柜（图 462）为双层式亮格，上部两层正面券口各嵌壶门牙板，牙板中间雕小巧的螭尾纹（图 462-1），两侧边缘各有五个尖牙纹修饰。侧面壶门式牙板上，中间雕螭尾纹。柜上四个横框为梯形格角榫，抽屉上有锁眼（462-2），说明其制作年份晚至清中期以后。

此件黄花梨亮格柜及以上五例亮格柜，亮格处为其施展设计手段的主要空间，也是此类家具观赏面不断加大法则的体现载体。其踵其事而增华是从增加券口和围栏开始的，并一路相伴。

图 462　清中期　黄花梨双层式亮格柜

长 119 厘米　宽 50 厘米　高 117 厘米

（故宫博物院藏）

图 462-1　黄花梨亮格柜券口牙板上的螭尾纹

图 462-2　黄花梨亮格柜抽屉上的锁眼

（二）三弯腿型

1. 黄花梨三弯腿亮格柜

黄花梨三弯腿亮格柜（图463）比较直腿亮格柜而言，更为考究。其变化是腿部如一个三弯腿炕桌。冰盘沿、束腰、壶门牙板与三弯腿形成优美曲线，足端为卷云纹。腿足与柜框非为一木连做，既省材料又新奇美观。

亮格处上端为壶门式牙板券口，其下左右两侧有望柱栏杆，栏杆绦环板上雕子母螭龙纹（图463-1），中段无栏杆，视觉上富有高低变化。亮格左右两侧为圈口形态。其腿部的设计元素让体态更为优雅。同时，这也是年代更晚的一种设计进化。明式家具中许多后代作品胜于前代，这是实例之一。

图 463　清早中期　黄花梨三弯腿亮格柜
（长 112.7 厘米　宽 54 厘米　高 180.5 厘米　苏富比纽约拍卖有限公司，2007 年 3 月）

图 463-1　黄花梨亮格柜围栏上的螭龙纹

2. 黄花梨螭龙鸾凤喜鹊纹亮格柜

黄花梨螭龙鸾凤喜鹊纹亮格柜（图464）腿部三弯，壶门牙板与三弯腿形成优美曲线，足端为卷云纹。左右柜门上段圆开光中雕鸾凤纹，下段方开光雕喜鹊牡丹纹。左右柜门图案相同。

亮格圈口上雕螭龙纹，上牙板中间为螭龙纹组合的团福字，其两旁各有一组子母螭龙。下牙板雕螭龙体团寿字，两旁各有一组子母螭龙纹。由此也可见，有的寿字纹是与螭龙纹结合的吉祥图案，与祝寿无关。亮格侧面圈口透雕子母螭龙纹。

鸾凤纹是对新婚夫妻合美的祝福，喜鹊牡丹纹为庆贺婚庆的表达，子母螭龙纹为苍龙教子之意，它们共存于一身，属于一套家庭观念体系。

图464 清早中期 黄花梨螭龙鸾凤喜鹊纹亮格柜（摹本）
长 126.5 厘米 宽 57 厘米 高 195.5 厘米
（北京黄胄旧藏）

第八章　榻床类

图466 明万历 《玉露音》版画
插图中的四面平榻
（选自台北故宫博物院：《明代版画
丛刊》）

一、榻式

榻大致可以分为四面平型、假四面平型、八足型、有束腰直腿马蹄足型、三弯腿型、圆裹圆罗锅枨型、高束腰型、直牙板直牙头型。

（一）四面平型及假四面平型

1.黄花梨四面平榻

黄花梨四面平榻（图465）有干干净净的四个平面，仅横竖几个线条。马蹄足磨损严重，已成矮马蹄状，这些代表着早期四面平榻长年使用后的基本面貌。

今天仅从现代主义的简约审美观看，当然会高度评价这种式样，被其极简之美所惊艳。但从结构功能上计，任何无束腰、无枨子支撑的家具，尤其是像榻这类实用中受力较大的家具，使用中极易损坏。这也表明早期四足榻在结构力学上不尽完美。

明万历小说《玉露音》版画插图上的四面平榻（图466）表现了明晚期四面平榻形态，可作为同期明式家具的实物参考。

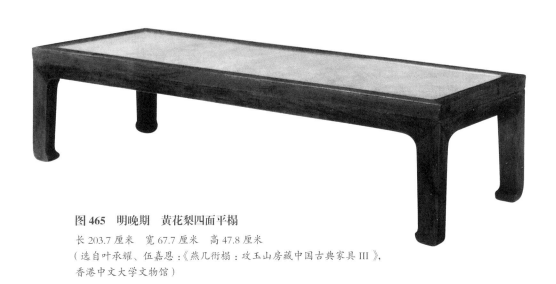

图465 明晚期 黄花梨四面平榻

长 203.7 厘米 宽 67.7 厘米 高 47.8 厘米
（选自叶承耀、伍嘉恩：《燕几衍榻：攻玉山房藏中国古典家具 III》，香港中文大学文物馆）

2. 黄花梨假四面平榻

黄花梨假四面平榻（图 467）大边、抹头（图 467-1）稍微喷出于四面牙板和腿足之外。此类形态称为假四面平式或变体四面平式。

其边抹面沿混圆，俗称"混面"。直牙板起线脚修饰，以小圆角与腿相交。直腿，高马蹄略有磨损。榻心为藤编软屉。

图 467　清早期　黄花梨假四面平榻

长 195 厘米　宽 72 厘米　高 46.5 厘米

（香港保利国际拍卖有限公司，2015 年秋季）

图 467-1 黄花梨假四面平榻的抹头

图 468-1 黄花梨八足榻的扁矮马蹄足

图 468 明晚期 黄花梨四面平八足榻

长 199 厘米 宽 116 厘米 高 46 厘米

（中国嘉德国际拍卖有限公司，2010 年秋季）

（二）八足型

1. 黄花梨四面平八足榻

黄花梨四面平八足榻（图 468）为四面平框架结构，直牙板，插肩榫，八腿，扁矮马蹄足（图 468-1），足承托泥，软屉藤编榻面。此式样在黄花梨榻实物中极罕见。

多足器物在唐宋代多有使用，岁月的淘洗、器物的进化，使得这类古式与新时尚渐行渐远。宋代榻式被明式家具保留下来的基本是四足式，而多足式的极少，弥为珍贵。

本榻尽管式样承唐宋风绪，但制作年代仍为明晚期。其因：一是任何黄花梨家具个案都摆脱不了明式家具始于明晚期这个大背景。二是在"四面平、多足、托泥"这样大结构符号系统下，本例的细节符号表现出明晚期特征，如足部为扁马蹄式，而宋制腿足未见此式。

在隋唐五代墓葬壁画、石窟壁画和绘画中，四面平、托泥、多足式的榻或案多有所见。如唐阎立本《历代帝王图·陈文帝像》中的四面平多足榻（见图 507）、五代敦煌壁画《千手千眼菩萨图》（图 469）、五代丘文播《文会图》（图 470）中，均可见壸门牙板多足榻。

在宋式家具中，四面平多足榻也是最为多见的式样。宋人《槐荫消夏图》(图 471)、《消夏图》(图 472) 上均见此类式榻，它们是明式家具多足榻式之祖型。宋代床榻之腿足式样，一为多足托泥式，二为四足式。前者式样在明式家具中仅有数例存世，后者则被明式床榻广为继承，泽被至今。前者为唐代传统箱式壶门结构的沿袭，后者为新兴的框架式结构的体现。

在明万历金陵继志斋《重校荆钗记》插图中，可见四面平八足榻多足榻 (图 473)，其四周支以斑竹方帐架，附之帷幔，夜间放下以防蚊蝇，日间以铜钩挂起。明万历《西厢记》插图中也可见多足榻 (图 474)。

榻在夜间也作为卧具使用，这为我们理解榻、尤其是宽大的榻，提供了另一个新视点。

图 470　五代　丘文播　《文会图》中的多足榻

图 469　五代　甘肃敦煌壁画《千手千眼菩萨图》中的多足榻

图 471　宋　佚名　《槐荫消夏图》中的多足榻

图 472 宋 《消夏图》中的多足榻

图 473 明万历 《重校荆钗记》插图中
的多足榻

图 474 明万历 《西厢记》插图中的多足榻

2. 黄花梨假四面平八足榻

黄花梨假四面平八足榻（图 475）较上例榻造型有所变化，大边、抹头略为喷出（图 475-1），为假四面平式。直牙板，插肩榫，八腿，马蹄足（图 475-2）略高，足下承以托泥。软屉藤编榻面。

图 475　明末清初　黄花梨假四面平八足榻（摹本）

长 194.3 厘米　宽 104.7 厘米　高 50.8 厘米

（美国明尼阿波利斯艺术馆展出）

图 475-1　黄花梨八足榻的喷出边抹

图 475-2　黄花梨八足榻的马蹄足

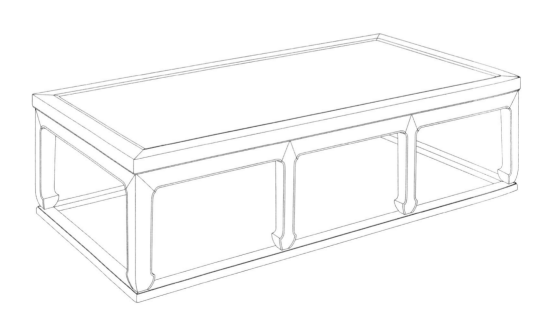

（三）束腰直腿马蹄足型

1. 黄花梨束腰马蹄足榻

黄花梨束腰马蹄足榻（图 476）榻盘攒框，藤面软屉，冰盘沿，矮束腰，直牙板，直腿，四腿侧脚，马蹄足高矮居中，足尖峭劲。

牙板与四腿交接处圆角较小，为直圆角，故此榻制作年代不会太早。

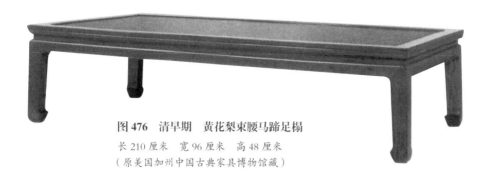

图 476　清早期　黄花梨束腰马蹄足榻

长 210 厘米　宽 96 厘米　高 48 厘米

（原美国加州中国古典家具博物馆藏）

2. 黄花梨束腰马蹄足榻

黄花梨束腰马蹄足榻（图 477）大边、抹头面沿为混面，上下边起线。束腰极矮，直牙板与四足以小圆角相交接，直腿粗壮，马蹄足极高且方正。高马蹄足显示出偏晚年代风格，应为清早期以后制作。

在清早期乃至以后，这种依然光素的器物形态未有大变，仅在细部小符号（如高马蹄足）上表现出偏晚特征。它们是明代家具第三条发展轨迹上的作品。

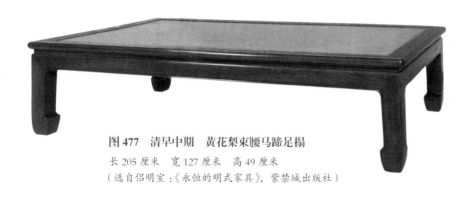

图 477　清早中期　黄花梨束腰马蹄足榻

长 205 厘米　宽 127 厘米　高 49 厘米

（选自侣明室：《永恒的明式家具》，紫禁城出版社）

3. 黄花梨束腰高马蹄足榻

黄花梨束腰高马蹄足榻（图478）宽度超常，有别它例。大边、抹头面沿为混面（图478-1）。这种混面常常出现在年代偏晚的器物上。

牙板外膨，用材厚硕。四腿微弯，马蹄足偏高（图478-2），是直腿向弯腿过渡的代表。

尽管此榻全身光素，但由于马蹄足高起、床腿粗壮，故年份认定为清早中期。

榻面嵌木板不排除为后改。

图 478　清早中期　黄花梨束腰高马蹄足榻

长 197 厘米　宽 105 厘米　高 47.5 厘米

（佳士得纽约拍卖有限公司，2009 年 9 月）

图 478-1　黄花梨榻大边的混面面沿

图 478-2　黄花梨榻上的高马蹄足

图 479　清早中期　黄花梨灵芝纹榻

长 221.3 厘米　宽 98.5 厘米　高 53.6 厘米

（选自毛岱康：《中国古典家具与生活环境——罗启妍收藏精选》）

（四）三弯腿卷云纹足型

从实物看，三弯腿家具分为高式和矮式，前者为条桌、方桌，后者为炕桌、榻、罗汉床、架子床。三弯腿家具最早出现在清早期，三弯腿榻也是如此。

1. 黄花梨灵芝纹榻

黄花梨灵芝纹榻（图 479）牙板的分心花上端雕灵芝纹，牙板两端雕略小的灵芝纹。壶门式牙板上的阳线分别向左右漫延至足端，勾勒出有弹性而圆浑的壶门轮廓。这种灵芝纹更为简化，也更为独立变异。

四腿肩部雕卷珠纹，足端雕内卷云纹，"云尖"终端为卷珠状。

本榻纹饰固然简单，但纹饰设计疏朗隽永，四处纹饰相互呼应，颇有点睛之味。浮雕灵芝纹为明式家具末期产物，其年代为清早中期。其三弯腿、壶门牙板曲线和简洁的浮雕纹饰展现了明式家具中柔美纤丽一脉的风姿。

2. 黄花梨螭尾纹榻

黄花梨螭尾纹榻（图480）边抹面沿为混面。这种混面形态多与偏晚器物结合。矮束腰，三弯腿内卷云纹足（图480-1），足尖略微外撇。

壸门牙板中心置分心花，牙板上浮雕阳线式的螭尾纹（图480-2），如草蔓翻卷，此时的螭尾纹线条已阳线化，没有扁平的"草叶"，呈现近清中期纹饰的倾向。

牙板两端各有一枚卷珠状纹饰，这些变异而美观的装饰表明本榻的年代。

图 480-1　黄花梨榻上的卷云纹足

图 480-2　黄花梨榻牙板上的螭尾纹

图 480　清早中期　黄花梨螭尾纹榻　长 214.5 厘米　宽 105 厘米　高 52 厘米（香港两依藏博物馆藏）

3. 黄花梨螭龙纹折叠榻

黄花梨螭龙纹折叠榻（图481）从中间可以对折。左右牙板上，各雕刻螭龙纹（图481-1），其中间为螭尾纹，形成苍龙教子的完整图案。比较而言，上述一榻（见图480）雕饰得极简单，仅以螭尾纹表达所指之意，为子母螭龙纹。

本榻可折叠，方便外出旅行时运输。它是旅行用物，本应从简而为，但恰恰相反，极尽雕饰之能事。外出旅行所用之器常常奢侈绚丽，以与宝马雕车相配，以示身份不俗。

明式家具中，可折叠、可分拆的各类旅行用具上常有极为讲究的雕饰，奢侈品的炫耀性心理在此起着作用。

由以上三例榻观察，可以说，清早期的纹饰雕刻是简化与繁复同时并存的，有的器物纹饰极为简洁，有的则是竭力复杂。

图 481-1　黄花梨折叠榻牙板上的螭龙纹

图 **481**　清早中期　黄花梨螭龙纹折叠榻

长 228 厘米　宽 121 厘米　高 53.5 厘米

（佳士得纽约拍卖有限公司，1998 年 9 月）

4. 紫檀三弯腿罗汉床

紫檀三弯腿罗汉床（图482）床盘冰盘沿，矮束腰。牙板取材宽大，分心花上端雕勾缠起来的草芽纹，其两侧下边缘出多个牙纹，或尖或圆，三弯腿中段内侧出两个硕大的牙纹，并在面上雕草芽纹，与牙板纹饰呼应。足雕卷云纹，足已演变成圆球，下端垫球（图482-1）。

此榻气象简洁，仅雕多个草芽纹。但这些纹饰均是螭尾纹多次变异后的结果，其年代已入清中期，属于后明式家具时代的器物。

图 482-1 紫檀罗汉床的外卷球足

图 482 清中期 紫檀三弯腿罗汉床

长 206 厘米 宽 70 厘米 高 49 厘米

（中国国家博物馆『大美木艺——中国明清家具珍品』）

（五）圆裹圆罗锅枨型

1. 黄花梨罗锅枨卡子花榻

黄花梨罗锅枨卡子花榻（图483）是直腿无束腰榻式中的一种。其边抹下加一层垛边，直圆腿，圆裹圆罗锅枨，枨上置四合如意纹卡子花。整体造型简素疏朗。

这种四合如意纹的卡子花很少见于各类家具上，它是变异演变后的形态，这表明其年份偏晚。

图 **483** 清早中期 黄花梨罗锅枨卡子花榻

长 211.5 厘米 宽 115.6 厘米 高 46.4 厘米

（苏富比纽约拍卖有限公司，2001 年 9 月）

（六）高束腰型

1. 黄花梨高束腰榻

黄花梨高束腰榻（图 484）具有"高束腰式"家具的四个特征：高束腰、碗口线、大边和抹头面沿由上至下呈"竖直、凹线、再起凸线"式样、束腰上榫头露明（图 484-1）。

牙板和腿足大圆角相交，边缘起圆润的碗口线。

如所有的高束腰、碗口线家具范式一样，其边抹外喷较大，牙板膨出，与高束腰一起形成凹凸的结构和视觉差异。腿足内微曲，而外侧略带三弯形，足底外翻，马蹄有所磨损。

在桌、几、榻上之外，这种高束腰、碗口线的苏作范式在罗汉床、架子床上均可以见到，但存量极少。

尽管这是一款高束腰榻，但其束腰的高度不比边抹面沿。

图 484-1 黄花梨榻束腰上的露明榫头

图 484 明末清初 黄花梨高束腰榻
长 203 厘米 宽 80 厘米 高 47 厘米
（香港两依藏博物馆藏）

图 485-1　黄花梨榻上的翘头

2. 黄花梨高束腰榻

黄花梨高束腰榻（图 485）大体式样与上例相同，不同处是抹头上有竖形小翘头（图485-1），成为难得的装饰。

其腿足内侧微曲，外为三弯形，马蹄足外出很小，宽度基本与腿上端相同，这种三弯腿不同于常见的内外侧三弯腿形，或是偏晚一些的做法，或是地方性做法。

图 485　明末清初　黄花梨高束腰榻（摹本）

长 201.2 厘米　宽 84 厘米　高 48.6 厘米

（香港木趣居藏）

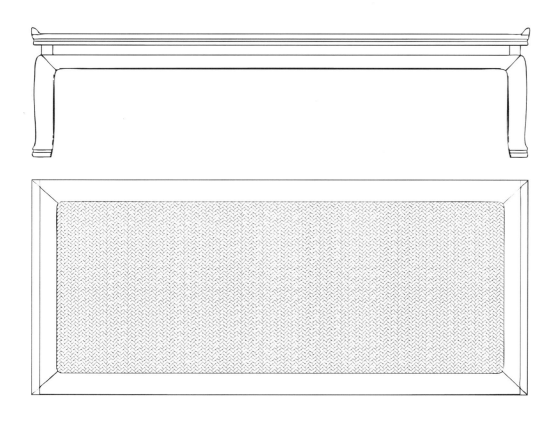

（七）直牙板直牙头型

　　黄花梨直牙板直牙头榻（图 486）软屉，冰盘沿，直牙板与直牙头 45°格角相交，扁圆腿，侧面为双横枨。榻体修长优美，此类榻存世极少。

　　有类似的案形榻或条桌形榻，常为条案和条桌断腿后改。考察其否改过，一是看内底是否原汁原味，有无后改软屉痕迹。二是看相关构件是否位置合宜，如侧面双枨与榻腿高度位置是否协调。如为条案锯腿后改，双枨位置一定偏低。观察本榻，其里外为原始皮壳，榻底内灰漆风化斑驳自然，尤其是软屉与四边框结合处。双枨（图 486-1）位置在腿部上方。

　　此榻代表一个类型，尤为难得。

图 486　明末清初　黄花梨直牙板直牙头榻

长 174 厘米　宽 57.5 厘米　高 52 厘米

（广东留余斋藏）

图 486-1 黄花梨榻侧面的双枨

二、罗汉床式

罗汉床是一个佳构纷出、绚丽多姿的品种，可分为直腿马蹄足型、鼓腿型、三弯腿型、直圆腿型、扇活套框型、围板罗锅枨曲线型。围板又分成独板、攒接、嵌石板、浮雕、透雕形态。

这里的分型不是严格的并列分类关系，而是存在着交叉形态。分型标准只是着眼于器物某个具体特点。

（一）直腿马蹄足型

1. 黄花梨独围板罗汉床

黄花梨独围板罗汉床（图487）围板低矮，三面独板为方角，后围子略高于两侧围子。

床盘边抹稍喷出，面沿平直。牙板与腿足小圆角相交，方腿马蹄足为挖缺作。马蹄足磨损严重，各腿磨损程度不一。

此床全光素、独板、矮床围板，马蹄足磨损严重几乎消失，诸多要素表明此床年代制作极早。

图 487　明晚期　黄花梨独围板罗汉床
长 200.7 厘米　宽 94 厘米　高 68 厘米
（佳士得纽约拍卖有限公司，1997 年 9 月）

图 488　明崇祯　填漆戗金罗汉床

长 183.5 厘米　宽 89.5 厘米　高 85 厘米

（故宫博物院藏）

故宫博物院所藏众多大漆家具再现着大漆家具的旧日尊贵和美丽，也启发人们更容易感知、理解式样与之相近的黄花梨家具。为了说明明式家具罗汉床，这里展示一例有纪年的故宫博物院藏大漆罗汉床。

填漆戗金罗汉床（图 488）后背板正中上方长方框中刻"大明崇祯辛未年制"款。如认定此款为本年原款，那么，其为明末大漆家具的标准器。

形制上，床上身为三块独板，下身为四面平。四腿方材粗硕，扁矮马蹄，足尖明显。壶门牙板轮廓，曲线陡直。

纹饰上，后围板正中为正龙纹（图 488-1），两侧各绘五爪行龙纹，间以杂宝纹。宽大的牙板上饰双龙戏珠纹，间以朵云纹。

这些图案在黄花梨家具中未曾见过。由此可以再次重申，大漆家具与硬木家具作为两个子文化系统，其纹饰呈现不同的风貌。

漆木家具多为独板、四面平。因为在制作工艺上，这是一种最方便成形的结构，同时，木胎平面结构最宜于髹漆前披麻挂灰。这在此大漆榻上也表现出来。

本书说明硬木家具的演变过程，时常以"观赏面不断加大法则"解读。其实这种法则在另一脉系的漆木、柴木家具发展中也

一直发挥着效力。当其自身髹饰手段强盛至极时，大漆罗汉床的围板、牙板宽度也自然而然膨胀起来。在此床上，宽阔的围板和牙板，为繁复的绘饰提供了极大的展示平台。

以此填漆戗金罗汉床对比黄花梨独围板罗汉床（见图487），可以明了后者对前者的继承和扬弃：

1. 填漆戗金罗汉床的围板、牙板高大，四腿粗壮。全器构件尺寸宽大，风格粗犷，线条陡直。

而黄花梨罗汉床的围板、牙板均较为窄小，四腿用料收敛，风格精巧。表现出早期黄花梨家具以简小为尚的特性。

2. 填漆戗金罗汉床正、侧、反三面均有图案，秾绮华丽。而黄花梨独木围板罗汉床均无雕无绘，素面朝天。这成为它与填漆罗汉床的更大不同。在装饰上，两者背道而驰。

前面所述的填漆戗金方角柜（见图398）和黑漆描金云龙纹架格（见图450）也是四面纹饰豪华绚丽，连背面亦不苟且。与黄花梨同类家具也形成对比。

多次对比硬木家具和漆木家具，可以看出它们是传统家具中的两个程式化类型。黄花梨家具风起于青萍之末时，继承了漆木家具的基本式样和结构，但造型多取简洁内敛式样。黄花梨家具并未沿袭漆木上的纹饰，呈现一派光素景象。

图 488-1　填漆戗金罗汉床后背板上的正龙纹

图 489-1　立边式床盘　黄花梨罗汉床

2. 黄花梨曲尺纹罗汉床

黄花梨曲尺纹罗汉床（图 489）三面围子攒接曲尺纹。曲尺纹与万字纹、风车纹等年代较早，为攒接图案第一阶段的作品。

床盘边抹面沿厚大，并饰一条洼线，上横面则较窄，行家称之为"立边"（489-1）做法。

由于床大边的上横面较窄，一般难以直接裁口穿藤心，所以立边做法的罗汉床、架子床多用活屉。床加上活屉后，加大了边抹俯视时的宽度感，视觉尺度美观。它将材料宽大的一面示人，看面美观而用料并非太大，这是匠人的巧思。

这种床面有的可以两面用，一面是硬屉，一面是软屉，十分科学。

此类攒接围子中，多有后配，尤其座盘厚度超常者，更让人有所质疑，可实物验证。

图 489　明末清初　黄花梨曲尺纹罗汉床

长 201 厘米　宽 119 厘米　高 86 厘米

（选自莎拉·韩蕙：《中国建筑中的明式家具》）

"攒"是工匠术语，原指一种完成结体的工艺，以榫卯方式把短材纵横接合起来。如以此工艺完成的牙头叫"攒牙头"，以别于用锼挖方法造成的"挖牙头"。王世襄为使其意义更为明显，在"攒"字之后加上"接"字，形成了"攒接"一词。

进一步严格地说，攒接含义实应有二：一是完成构造结体的方法；二是在形式美感上，又是拼合各式各样几何纹样的手段，将若干小块木料组合成几何图案，进而将该图案多次重复连接，成为二方连续或四方连续，按需要组合成大小不同的装饰面。这让家具多出空灵、疏通的美感和玲珑缤纷的效果。

中式家具采用榫卯结构完成结体是伟大的构造工艺手段。而以攒拼出的缤纷几何纹样，同样是不可低估的装饰成就。要合乎工艺和材料的要求，又要以规律性的重复造成图案节奏感和形式感，这需要有良好的视觉审美修养。攒接图案的制作形式多变又整齐划一，工艺繁复而又精准。这又需要高超的工艺技能。

在明式家具的早中晚末的各个时期都使用着攒接工艺，它属以锯子、刨子、凿子为工具的工艺，不涉雕刻手艺。晚期、末期的攒接作品往往属于明式家具第二发展轨迹上的作品。

黄花梨的床围板通过效仿漆木家具，对攒接工艺进行了拿来主义，使得这类攒围板式的罗汉床，尤其是架子床获取多方面的好评：

1.整料制作独围板的木材成本高昂，而以短料攒成围板则降低了木材成本。

2.攒接工艺造就了多种纹饰，所有适合攒斗的图案，尽入明式家具彀中。各种攒接的围板让罗汉床，尤其是架子床呈现一款款活泼妍美的作品。

3.攒接工艺可以消除整木的木性应力，防止木材在干燥或潮湿等不同环境下的缩胀变化，以及由此而来的扭曲、变形、断裂。

在攒接工艺基础上，斗簇工艺后继而来，是第二波的、更复杂的工艺。斗簇是指用若干种形态相同的小木块、小木条拼合成透空图案，其相交处使用"栽榫"连接。斗，乃拼合之谓。簇，是从聚成团之意。斗簇而成的图案，无论圆方，匠师统称为"灯笼锦"。的确，斗簇工艺更能营造花团锦簇的艺术效果。攒接和斗簇工艺合起使用，简称为"攒斗"。

攒接、斗簇、雕刻三种工艺在罗汉床、架子床围板上，不同时段呈不同式样,工艺次第演进。大致是明晚期、明末清初为攒接,继之多为斗簇工艺。在很长时期内，它们又交错使用，一床之上,攒、斗、雕工艺并存。只是伴随时间的更替，攒、斗成分越来越少,雕刻成分越来越多。

　　在清早期浮雕工艺大规模使用后，攒接和斗簇工艺虽有被边缘化趋势，但仍有使用，并有精品出现。表明明式家具第二发展轨迹上也常有佳作出现。

　　攒接、斗簇工艺发展的具体步骤：首先是万字纹、风车纹、曲尺纹、十字连方纹，其次为仰覆山字纹、冰裂纹、寿字纹、福字纹等。万字纹、风车纹是简单的攒接图样，广泛使用于早期明式家具上，这与当时工艺步伐合拍。此时期雕刻工艺尚未到来,攒接工艺也刚刚施展拳脚。随着工艺的发展，攒接图案不断复杂。

　　斗簇图案主要有十字斗四合如意纹、团龙斗四合如意纹等。各种攒斗纹样纵横伸延，于欹斜纷杂中见齐整规矩，诚为形式审美中了不起的成果。

　　匠师是按照美的法则来创作明式家具的，攒斗工艺也是如此,其成果符合现代建筑理论中的连续韵律和交错韵律的审美形态。

3. 黄花梨寿字纹罗汉床

黄花梨寿字纹罗汉床（图490）正面、侧面围子攒接变体的寿字纹，正面围子上有五个寿字（图490-1），侧面有两个寿字。

变体寿字纹的攒接难度更大，文字有字体的规定性，攒接有自己工艺的特殊性。它需要合理地将文字抽象化，提炼改造，以达到有规律、有韵律的排列和交替。这种攒接技术应更晚一步。

床盘冰盘沿，矮束腰，直牙板大圆角与直腿相交接，矮马蹄足。

图 490　清早期　黄花梨寿字纹罗汉床

长 203 厘米　宽 118.5 厘米　高 70.5 厘米

（佳士得纽约拍卖有限公司，1998 年 3 月）

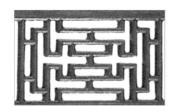

图 490-1　黄花梨罗汉床床围子上的寿字纹

4. 黄花梨大理石罗汉床

黄花梨大理石罗汉床（图 491）五屏风围板，高度前所未有，亦为加大观赏面的表现。

围板攒框嵌大理石，侧围板前端为抱鼓站牙。床盘为立边形式，活屉相伴而行。马蹄足内翻。

后屏风中间高，两头低。整个围子的形式如此，表明本床年代偏晚。

罗汉床年代越晚，或围板攒接图案越复杂，或围板越高，或腿部变异越大。

明代陈懋仁在笔记小说《泉南杂志》中，记载明万历年间乾清、坤宁二宫使用大理石的情况：

乾清、坤宁二宫告成，需石陈设，滇中以奇石四十八块制，皆佳名标奇以进。时岁已亥三月，余给事水衡，目览手抄，附列

（中国国家博物馆「大美木艺——中国明清家具珍品」）

图491 清早中期－清中期 黄花梨大理石罗汉床

长 210 厘米 宽 110 厘米 高 118 厘米

篇左：春云出谷，泰山乔岳，神龙云雨，天地交泰，各大五尺一寸；玉韫山光，大五尺；河洛献瑞，玄嶂云收，江汉朝宗，奇峰迭出，海山朝旭，各大四尺一寸；锦云碧汉，虹临华堵，雪溪清水，群峰献秀，麟趾呈祥，龙翔凤舞，各大四尺；一碧万顷，雪崖春霁，云霞海曙，各大三尺；万山春晓，春山烟雨，百川霖雨，各大三尺五寸；溪山烟霭，大三尺一寸；寿山福海，云汉丽天，各大三尺六寸；湖光山色，函光紫气，春山烟雨，乡云绚彩，云霞海曙，云露出海，各大三尺五寸；龙飞碧汉，大四尺八寸；山水人物屏石八块；山川出云，各大三尺九寸五分；烟波春晓，大三尺四寸；白雪春融，大三尺三寸；云龙出海，槎泛斗牛，各大三尺五寸；春云出谷，海晏河清，振衣千仞，各大二尺九寸。[1]

明嘉靖年，在贪官严嵩的抄家财物清单《天水冰山录》中，记载了大漆大理石床以及镶嵌螺钿床，计有：

大理石螺钿等床、雕漆大理石床一张、黑漆大理石床一张、螺钿大理石床一张、漆大理石有架床一张、山字大理石床一张、堆漆螺钿描金床一张、嵌螺钿著衣亭床三张、嵌螺钿有架凉床五张、嵌螺钿梳背藤床二张、厢玳瑁屏风床一张。以上床共一十七张。[2]

尽管文献中的明嘉靖年、万历年的大漆家具上大理石使用已然如此，但在今日所见的绝大多数明式家具实物中，嵌大理石板的大型家具来得年代较晚，实物基本是清早期的。

明式家具观赏面不断加大法则表现为六个层面的递进。其中有一个层面为增加各种构件。共分为两类：一是增加木质装饰构件；二是增加、镶嵌不同的材质构件，如镶嵌大理石、瘿木、百宝嵌、铜饰件等，至清中期镶嵌瓷板、玉件、剔漆件、铜胎珐琅板，不一而足。

1 （明）陈懋仁：《泉南杂志》卷下，中华书局，1985年。
2 （明）佚名：《天水冰山录》，神州国光社，1936年。

（二）鼓腿型

鼓腿是直腿的发展形，弯曲度小的称为"小挖马蹄腿"，弯曲度进一步加大的名为"大挖马蹄腿"。挖马蹄腿曲线如鼓，又称为"鼓腿"，鼓腿增加了力量感和强劲感。

1. 紫檀鼓腿罗汉床

紫檀鼓腿罗汉床（图 492）上部为三块独板围子，腿足为大挖马蹄腿。上部方正，下方曲圆，方圆对峙而谐和，规矩而不失张力，光素中散发着一种强悍的霸气，可见匠师的理性和才情。

"三围独板，有束腰，鼓腿膨牙，软屉"。可用这 13 个字完整描述此床，可见其简。何其简素，使得绝大多数人不假思索地认为此器年代必属明代。但是，换一视角，会发现其上有多个年代偏晚的符号。

一是大挖马蹄腿弯曲极大，整体气息有力粗硕。在明晚期和明末清初，床足没有如许弯曲雄壮。

二是本罗汉床足部并非马蹄足，而是弯腿的横截面，权当为足。足部较高，磨损较小，尚为方形，亦为年份偏晚的佐证。

本例紫檀鼓腿罗汉床属于观赏面不断加大法则中加大中的一类，即构件光素而式样"衍变较大"，年代为清早中期。其貌似古式，但有年代偏晚的符号，属于明式家具中第二条发展轨迹上的器物。

图 492 清早期 紫檀鼓腿罗汉床
长 211 厘米 宽 106 厘米 高 79 厘米
（原美国加州中国古典家具博物馆藏）

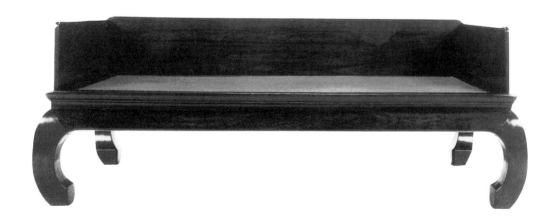

不论硬木、柴木的古代家具，其腿足的完整程度是推断年份的重要观察点。任何一件年份到达明代的家具，其腿足都会被三四百年的历史风尘所严重磨蚀，强烈地留下时代动荡变迁的烙印。几个世纪的风云变幻中，任何老家具都不会生活在世外桃源。

　　大致说，有强烈磨损的腿足是长时间消耗的结果。正常概率中，磨损是同时间长度成正比的。没有磨损的腿足一定不会有长久的年代。但反过来说，个别器物可能会在特殊状态下，在较短时期内会有较大的磨损。

　　明末清初至清早期，一方面有的罗汉床直腿趋于加粗，马蹄日益趋高；另一方面，有的罗汉床腿部加强了弯曲度，出现小挖马蹄腿、大挖马蹄腿式的鼓腿。

　　小挖马蹄腿中间一截为直线或近直线状，上下端作弯曲处理，其动感和张力逊于大挖马蹄腿。大马蹄腿、小马蹄腿构件都仍然保持着光素无雕饰形态。

　　所见大挖马蹄腿床之足下磨损都很小，尽管它们一身光素，仍躲不开一个年代上的晚字。

　　可以对比一件清末民初的红木鼓腿炕桌（图493），看看红木家具的形态，有助于理解那些年代接近红木家具的"红木的哥哥"。炕桌也是大弯马蹄腿，其足很高。方折洼堂肚，上浮雕拐子纹，有托腮。

图493　清末民初　红木鼓腿炕桌
（北京私人藏）

2. 紫檀曲尺纹围板罗汉床

紫檀曲尺纹围板罗汉床（图494）围子为紫檀制，床身为铁梨木做。三面围板攒接曲尺纹（图494-1），以攒接工艺创造了视觉上的美妙节奏感。这里仍然是使用攒接工艺，但难度已远超万字纹、风车纹、十字连方纹等。尤其是所有的纵横交接处均出"牙嘴"，形成圆角，创造出视觉上方圆兼济的效果。这在消耗材料之外，还需大量的人工。

冰盘沿床盘，矮束腰打洼，鼓腿膨牙。

整体视觉上，上部疏朗方正，下部鼓腿大弯。其上的纤巧与壮硕、方与圆，形成强烈变化。其足部较高，束腰已出现打洼形态。这一点最为关键，它是明确的年代标志。打洼束腰自然比平直束腰生动活泼，但同时也是时代进化的产物。

尽管包括此床在内的某些家具有后修之嫌，但为说明相关问题，只能视其为某种阐述的资料。

图494 清早中期－清中期 紫檀曲尺纹围板罗汉床

长221厘米 宽122厘米 高83厘米

（选自庄贵仓：《庄氏家族捐赠上海博物馆明清家具集萃》，两木出版社）

3.紫檀绿石板罗汉床

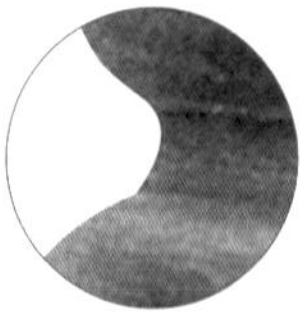

紫檀绿石板罗汉床（图495）为七屏风式，围子框内加衬牙条，内嵌绿石板，鼓腿弯曲度较小，为小挖马蹄腿。膨牙板与鼓腿相宜，圆润饱满。束腰打洼（图495-1），足部较高，且保存较完整。

此床虽无雕饰，但其高围子、高足部和打洼束腰等特点表明年份晚至清中期。

绿石又称为"南阳石"，用于家具古已有之，多装饰于漆木、柴木家具上，如插屏、桌案面心，用于黄花梨罗汉床围屏上者少。由此床可见，绿石板在家具上沿用时间极长。

此床也可列为明式家具第二发展轨迹上的作品，属于后明式家具时期的器物。

图495-1 紫檀罗汉床上的打洼束腰

图495 清中期 紫檀绿石板罗汉床
长217厘米 宽118厘米 高96厘米
（选自北京市文物局：《北京文物精粹大系》家具卷，北京出版社）

图 496-1 黄花梨罗汉床

分心花上的灵芝纹

图 496 清早中期 黄花梨灵芝纹罗汉床

长 218.5 厘米 宽 114 厘米 高 79 厘米

（故宫博物院藏）

4. 黄花梨灵芝纹罗汉床

黄花梨灵芝纹罗汉床（图 496）正侧三面围子独板，床盘厚大，冰盘沿，矮束腰。腿形为外直内弧形。

壸门牙板中心有分心花，分心花上突兀地雕灵芝纹（图 496-1），略显生硬。这一点十分引人瞩目和令人思考。整个床体光素，仅此灵芝纹除外。此床的制作整体不求纹饰的花藻，但又必须加上这小小的一点修饰。这小小的修饰如此重要，以至制作者已不顾它的出现与全床风格有所冲突。无此灵芝，全床的线条将更加简洁流畅，浑然一体。

突如其来的灵芝纹明确地说明这是主人特意的安排，它代表着一种专有内涵，在此发挥着作用，不然不会如此。他处皆光素，此地独灵芝。在"架类"一章中，笔者推测灵芝纹可能是螭凤纹的表现体，代表着螭凤纹，也就是代表着这是女方的陪嫁品。故此床此纹是有具体而微的含义，是针对性极强的图案。

灵芝纹有时又出人意表地飘然落在某件光素器物上，是有象征意义，是有"所指"的，如果仅仅是泛泛地说它是祥瑞、吉祥符号，就会缺乏解读的针对性和具体性。

5. 紫檀螭龙螭凤纹罗汉床

紫檀螭龙螭凤纹罗汉床（图 497）为七屏风式围板，围子装心板上斗螭龙螭凤纹（图 497-1）。其纹已方折化，为拐子式。上层螭龙纹图案为上勾嘴形，下层螭凤纹为下勾嘴形。鼓腿下端进一步内弯，形成内弯足。这与拐子螭龙螭凤纹一起明确表明此床年代为清中期。其束腰为打洼式，与上述紫檀罗汉床（见图 494、见图 495）的束腰相同。

理解打洼束腰年份偏晚的问题，仍然可以沿用此方法：以清中期、清晚期之物推断同式样之明式家具的年份。观察清中期紫檀家具、清晚期红木家具的束腰，可见其的确大多是打洼束腰的做法。

图 497-1　紫檀罗汉床围子上的螭龙螭凤纹

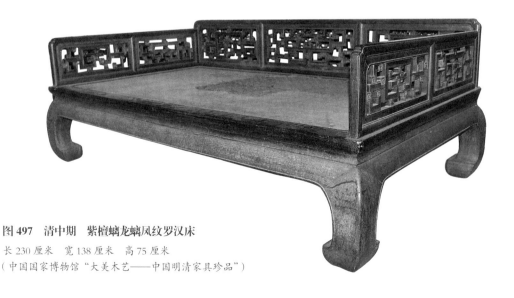

图 497　清中期　紫檀螭龙螭凤纹罗汉床
长 230 厘米　宽 138 厘米　高 75 厘米
（中国国家博物馆"大美木艺——中国明清家具珍品"）

（三）三弯腿型

三弯腿是最优美的罗汉床腿形，但它来得也最迟，所制作的作品最早不过清早期。

1. 黄花梨鸾凤纹罗汉床

黄花梨鸾凤纹罗汉床（图498）边框起多重华美的线脚。正面、侧面围板拐角处有下洼曲线，柔和而优雅。

后面围板中间绦环板上雕有鸾凤纹，一雌一雄，双鸟振翅飞翔，缱绻缠绵，寓意鸾凤和鸣，表达了对夫妇和美的祝愿。鸾凤形象栩栩如生，神态优美而自然，雕刻细节一丝不苟，工艺上堪称明式家具中透雕的杰作。

床盘冰盘沿，矮束腰，壸门牙板上雕有两组完整的子母螭龙纹，左右两侧各有一条大螭龙和一条小螭龙，两端螭尾纹上出现灵芝纹。三弯腿，内翻云纹足。腿面上有拐子纹，种种纹饰明确了其年代特征。

这是黄花梨家具雕饰时期罗汉床美器的代表。其花团锦簇的富贵之姿、狂欢之态，完全可以改变人们对明式家具"简约质朴"的片面定义。

当代建筑师奥斯卡·尼迈耶说："我的作品不是那种由功能推导出形体的建筑，而是追随着美学的脚步，更进一步说，是追随着女人的脚步。"这个论述对理解明式家具中的一些奇妙珍品有所启发。

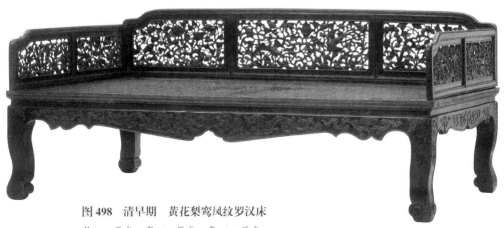

图498　清早期　黄花梨鸾凤纹罗汉床

长214厘米　宽127厘米　高88.9厘米

（选自楠希·白铃安：《屏居佳器——十六至十七世纪中国家具》）

2. 黄花梨螭龙纹罗汉床

黄花梨螭龙纹罗汉床（图 499）三弯腿，足端雕内卷云纹。围板、牙板、腿足上布满雕饰，是满雕明式家具的代表作。其正面和侧面围板、牙板、腿肩诸处均雕螭龙纹。

后面围板中心为螭龙体福字，其左右两侧雕有螭龙体寿字，两个寿字形态有所不同。其间分布大小数条螭龙，螭龙口开如啸。

围板上的寿字、福字纹的偏旁部首都是由螭龙纹变体而来的。螭龙体福字（图 499-1）左偏旁犹如站立的小螭龙，右偏旁上下均有螭龙头。左右两个寿字（图 499-2）中也含有螭龙纹。这些寿字、福字的语境均是苍龙教子，此例极典型。这是清早中期出现的装饰形态。

图 499　清早中期　黄花梨螭龙纹罗汉床

长 218 厘米　宽 125.7 厘米　高 85.7 厘米

（选自安思远：《洪氏藏木器百图》）

后围板上的螭龙纹中，还有一种前足立起的螭龙，或回首，或团身，奔走呼喊，相互呼应。可称为走兽式螭龙纹，前所未见。两边侧围板上，正背面各雕一组螭龙纹，图案中心雕螭龙体寿字。

牙板中心置分心花，其上为草叶蔓卷状的螭尾纹，饱满繁复。两侧各雕张嘴螭龙，牙板两端边缘为多重牙状曲线，三弯形腿足上雕螭尾纹。

以上这些螭龙纹大小不等，或相互对称，或参差交错。图案设计用心良苦，子母螭龙纹强大的寓意主题变幻出各种图案花样以及庞大的形态体系。

黄花梨家具上的螭龙纹造型发展是不断创新的过程，由初期的写实发展为晚期的表现和写意，面貌多样，最后的形象近乎抽象怪异。它的形式时时在变，但大嘴怒张的相貌和所指寓意一直未变。

图 499-1 黄花梨罗汉床后围子上的螭龙体福字纹

图 499-2　黄花梨罗汉床围子上的寿字纹

（四）直圆腿型

1.紫檀圆裹圆罗汉床

紫檀圆裹圆罗汉床（图500）特点为独板三围子，床盘下埝边。圆裹圆罗锅枨加矮老。其形态极为简洁，但仅凭这些不能判定其年代早。因为其罗锅枨上弯处（图500-1）接近中间，而不接近腿足部。这是发展后的形态，属于行话所说的"出门走一段再拐弯"的晚期形态。

明式家具中，无束腰罗汉床较少。圆裹圆罗汉床是无束腰罗汉床中的主要形式。

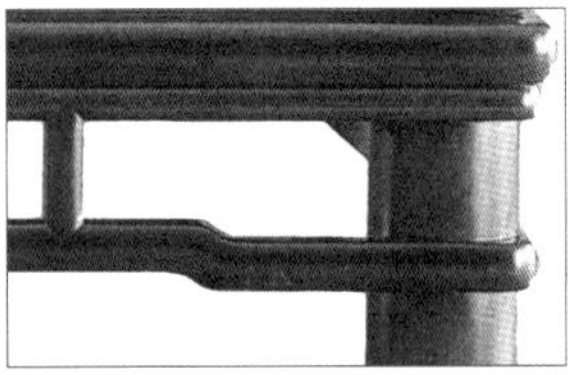

图500　清早中期　紫檀圆裹圆罗汉床

长 196.8 厘米　宽 100.3 厘米　高 68.6 厘米

（选自安思远：《洪氏藏木器百图》）

图500-1　紫檀罗汉床罗锅枨的上弯处

2. 紫檀圆裹圆罗汉床

紫檀圆裹圆罗汉床（图501）独板三围子，床盘冰盘沿下压窄线，直腿接床盘，正面和侧面（图501-1）以罗锅枨裹腿。

其明显的年代符号，一是罗锅枨上弯处趋近中心，为"出门走一段再拐弯"形态。二是裹腿处有一段是随形圆形，与绝大多数的裹腿罗锅枨的直线形不同，这是巨大的变化，而且此类做法极少见。其更复杂、更费工费料，年份自然晚于上例罗汉床（见图500）。

图 501　清中期　紫檀圆裹圆罗汉床

长 197.2 厘米　宽 95.5 厘米　高 65 厘米

（选自蔡辰洋：《紫檀》，寒舍出版社）

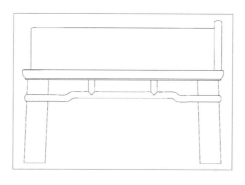

图 501-1　紫檀罗汉床侧面

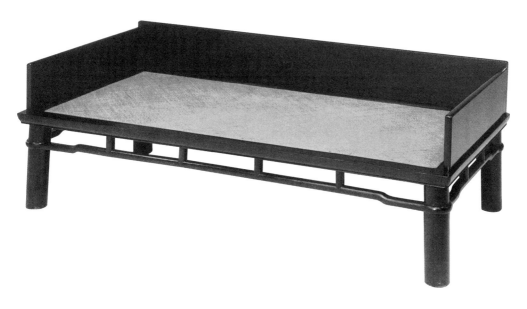

3. 黄花梨双环卡子花罗汉床

黄花梨双环卡子花罗汉床（图502）独板三围子，床盘垛边，下置六组双环卡子花，再下为直枨圆裹圆。其设计的匠心在于构件韵律感的追求，大边抹头下垛边，与直枨上下排列，而六组双环卡子花的左右成行，形成纵横交织的节奏。

为了六组卡子花的平均排布，此床特意放弃罗锅枨，改用直枨。六组双卡子花是否数目过多了一些，仁者见仁，智者见智。但双环卡子花如此之多是古典家具不断加大观赏面的一种表现，也应是年份偏晚的表现。

这种不事雕刻、仅以光素的构件完成的新式之作，就是明式家具发展第二轨迹的作品。

图502 清早中期 黄花梨双环卡子花罗汉床
长 207.1 厘米 宽 103.5 厘米 高 74.1 厘米
（选自莎拉·韩蕙：《中国古典家具简约之美》）

（五）扇活套框型

正像椅类有扇活套框型，罗汉床也有此类制作。其构造、式样为大框为外，小框居内，构成大小框扇活型的结构形态。

1. 黄花梨套框罗汉床

黄花梨套框罗汉床（图503）三面围板外攒大框，通过矮老与中间小框相接，小框内装绦环板，板上挖鱼门洞。后面围板上有三个鱼门洞，侧面围板上有两个鱼门洞。这种结构的作品在明式家具中极少，应为较晚时期的做法。

床盘面沿混圆，下接四腿，外圆内方。正面管脚枨枨上左右置两个矮老式立柱，三分框中空间。两柱间，上有横向攒框扇活。两柱外，各置竖式三抹攒框扇活。

床上部大小框是以矮老连接，构图是上下左右全对称，形成中间重而四边轻之视觉。下部两边的小框扇活是与大边、腿足紧密垛接的，又成周边实而中心虚的姿态。

上下之异貌似不经意，实则匠心而为。形态上是以上下不同的虚实完成对比，相映成趣，亦非俗手可为。这种以光素构件完成的新型家具为明式家具第二发展轨迹上的器物。

图503　清早中期－清中期　黄花梨套框罗汉床
长213厘米　宽130厘米　高79厘米
（原美国加州中国古典家具博物馆藏）

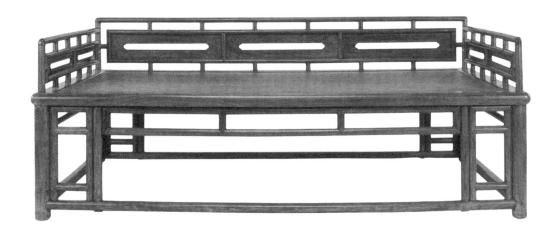

2. 紫檀套框罗汉床

紫檀套框罗汉床（图504）结构与式样与上例基本一致。区别在于，一是本床为紫檀制作，二是本床后围板三个绦环板上的鱼门洞中，雕有"拧麻花"装饰。这种装饰出现应晚于上例，是深化装饰的结果。

拧麻花装饰的年代极晚，它就是这种床式制作时间的注脚。此床应为后明式家具时代的器物。

图504　清中期　紫檀套框罗汉床

长216厘米　宽130厘米　高85厘米

明清家具集萃》，两木出版社）

（选自庄贵仓：《庄氏家族捐赠上海博物馆

（六）罗锅枨型

1. 黄花梨罗锅枨式罗汉床

　　黄花梨罗锅枨式罗汉床（图 505）三面独板围子，各围板拐角处呈现下凹的曲线。后面围板上沿为罗锅枨式曲线。后围板、侧围板外侧边缘均起粗阳线（图 505-1），为求一线之美，豪放地铲去大面积材料。围板顶端外高内低，成坡状。床盘面沿的下半部铲地，出高低台式线脚（图 505-2）。这些样貌都是闽作的特征。前后腿间有罗锅枨，也是闽作的重要特征。

　　本例有束腰，也有闽作罗汉床为无束腰式。

图 505-1　黄花梨罗汉床侧围子外侧边缘上的阳线

图 505-2　黄花梨罗汉床床盘面沿上的高低台式线脚

图 505　明末清初 - 清早期　黄花梨罗锅枨式罗汉床

长 203 厘米　宽 101.5 厘米　高 94 厘米

（选自洪光明：《明式家具之美》）

图506　汉　江苏徐州汉墓出土画像石上的榻

图507　唐阎立本　《历代帝王图·陈文帝像》中的四面平多足榻

一般家具分类中，将罗汉床和榻划入卧具类。但纵观历史，由古至今，其为卧具之外，还是坐具。其作为坐具的资料，比比皆是，这里仅举其要略。

从考古资料看，春秋战国时出现了大漆木榻。在江苏省徐州市汉代出土的画像石（图506）上和汉墓壁画中，宽大低矮的榻更为多见，人们盘腿而坐其上。

唐代阎立本《历代帝王图·陈文帝像》陈文帝等坐在四面平多足榻上（图507）。五代敦煌画《千手千眼菩萨图》（见图469）菩萨坐像下是四面平榻。五代丘文播《文会图》（见图470）上多人所坐大榻气势磅礴。宋代李嵩（传）《听阮图》、宋佚名《白描大士图》《宫沼纳凉图》，元代《画倪瓒偈张雨题》等画中，人物都是坐在宽大的榻上。

另外，山西省大同市北魏司马金龙墓出土的木板漆画中的围屏床、五代（一说南宋）《韩熙载夜宴图》（见图19）上韩熙载所坐的围屏床、宋人《维摩图》（图508）中攒框打槽装

图508　宋　《维摩图》中的围子床
（台北故宫博物院藏）

图 509　元　《事林广记》插图中的罗汉床

（转自王世襄：《明式家具研究》文字卷，三联书店（香港）
有限公司）

图 510　清光绪　《点石斋画谱》中的罗汉床

（选自大可堂版《点石斋画报》第七册，上海画
报出版社）

心板的围子床，都表明三面围屏床作为坐具的悠久历史。其主人均是盘腿坐于床上，尚存席地而坐之遗风。

垂足高坐代替了席地低坐，这是中国人生活中的一件大事，是家具史上的重要革命。高坐家具取代了商周以来传统的席地而坐的生活用具和生活方式。"到了宋代，人们的起居已不再以床为中心，而移向地上，完全进入垂足高坐的时期。各种高型家具已初步定型。到了南宋，家具品种和形式已相当完备，工艺也日益精湛。"[1] 高坐家具由贵族上层使用已普及到社会各阶层间。这种起居方式的家具在宋代的出土物和绘画中可见。

元代至顺刻本《事林广记》续集卷六插图中，二人坐于罗汉床（图 509）上弈棋，中间为棋桌（或称炕桌）。它典型说明了罗汉床可以俩人对座。此时罗汉床的使用已变床上的盘腿而坐为垂足高坐。

由明代至清代，以罗汉床为坐具之风一直沿袭，这在大量的明代和清代刻本中，随处可见。

光绪年间出版的《点石斋画谱》等书中，有非常写实的再现。清光绪十三年，清代官吏会见朝鲜来使，坐具为罗汉床（图 510）。

榻作为坐具发生在围屏床、罗汉床之前。但到明式家具阶段，其原有的坐具、卧具功能逐渐化为单一的卧具功能。罗汉床则一直一身二任，坐具为主，兼为卧具。

1　王世襄：《明式家具珍赏》页 14，文物出版社，2003 年。

三、架子床式

架子床大致可以分为如意足型、直腿马蹄足型、鼓腿型、卷云纹足三弯腿型、螭龙头爪（狮头虎爪）纹型、直腿圆裹圆型。

（一）如意足型

1. 黄花梨如意足架子床

黄花梨如意足架子床（图511）足为如意云纹形，挖缺做。它与壸门牙板大圆角相交接，形成床下部的优美曲线，葆有宋代以来大漆家具的腿部式样。宋式与明式家具的血脉传承关系，可窥一斑。

图511　明末清初　黄花梨如意足架子床
长 202.5 厘米　宽 108 厘米　高 187.5 厘米
（佳士得纽约拍卖有限公司，1998 年 9 月）

此架子床床围为风车纹，短木攒接。这是攒接工艺早期的图案式样。门楣子为扇活，栽榫与床体相结合。其正面分为五格，侧面分作三格。每格攒框打槽装绦环板，其上锼挖方折海棠形门洞。床盘面沿平直。壶门牙板边缘上起线。牙板两端边缘有一个尖牙纹装饰。

黄花梨家具在初起之时，一概仿漆木、柴木家具中造型简约的器物而为之。在许多类别家具上，耗费材料的"如意足"一类式样基本是被摒弃的。但在黄花梨架子床上往往有例外，这个架子床就已表明这一点。

此架子床修饰上以锼挖、攒接工艺为之，为简练、淳朴、空灵、玲珑、典雅、清新等风格，代表偏早期黄花梨架子床的风貌。本例已属简练之作，尚有更简练者，除四柱外，不设门楣子。

此床有早期之态，但也有稍晚之象，如扇活门楣子、方折海棠形鱼门洞，足部稍高。

在宋画中，可以常见如意足榻，似黄花梨如意足架子床下部造型。如南宋李嵩《听阮图》（图512）中的榻，展现的如意足与本件黄花梨架子床如意足形态异曲同工。

图 512　宋李嵩（传）《听阮图》中的如意足榻
（台北故宫博物院藏）

（二）直腿马蹄足型

1. 黄花梨万字纹架子床

黄花梨万字纹架子床（图513）六柱打洼，靠背围板和侧面围板均以打洼短材攒接，为万字纹。前围板则攒中空十字纹。

门楣子分左中右三格，每格中装绦环板，上挖一对双如意纹式鱼门洞。下框两端为平肩榫。门柱上端为尖头格肩榫，下有柱础。冰盘沿床盘下为矮束腰。内翻马蹄足已磨损殆尽。

以上一切特点均表明其年代的久远。

图513　明晚期–明末清初　黄花梨万字纹架子床

长 212.1 厘米　宽 124.5 厘米　高 195.6 厘米

（选自安思远：《洪氏藏木器百图》）

2. 黄花梨十字连方纹架子床

黄花梨十字连方纹架子床（图514）全身光素，六柱式，门楣子为打槽装板扇活，上装绦环板，中开鱼门洞，两侧透雕如意云纹。床围以攒接工艺完成十字连方（海棠）形纹。马蹄足磨耗严重，从某一角度表明其年份的久远。大边抹头为"立边"做法，立面宽大，上平面较窄，配以活屉。

此床展示高束腰、碗口线、束腰露明（出榫头）的形制，这是一种程式化形制，称为"高束腰碗口线"形，为苏作特点。同时，其束腰矮于边抹。高束腰体系中，束腰矮于大边抹头者，年代偏早。

图514 明末清初 黄花梨十字连方纹架子床

长 205.7 厘米　宽 123.4 厘米　高 203.4 厘米

（香港两依藏博物馆藏）

明晚期的出土物和出版物都提供了这一时期架子床的形态资料，对于理解明式家具的架子床有参考意义。

苏州市明万历王锡爵墓出土的冥器拔步床（图515）门楣子绦环板上挖有如意纹式鱼门洞。围板攒万字纹。腿足为直腿马蹄足（见图177）。

同时应注意，床正面中间两个门柱上端的榫头为尖头格肩榫，而横枨两端则为齐肩榫。这表明明万历时期，尖头榫和齐头榫同时被使用。或尖头榫使于竖柱，齐肩榫用诸横枨。

传统家具行道中，行家们认为齐肩榫早于尖头格肩榫。这种观点是否应修正，还是将其看做是概率性的结论，这有待进一步考察。

王锡爵墓出土的拔步床床盘立面宽厚，有柱础。表明这种立面宽厚的"立边"式床，应在苏作明式家具中存在。这些明万历朝的遗泽尽管是柴木家具冥器，但对理解明晚期包括架子床在内的明式家具多有益处。

明万历王圻《三才图会》版画插图中架子床（图516）门楣子绦环板上，有海棠式鱼门洞。六柱，床正面围子攒万字纹，侧面围子攒曲尺纹。这种万字纹和曲尺纹见于黄花梨家具上者均进一步复杂化。

万字纹不仅见于中国，也广见于世界各地，且历史悠久，其含义众说纷纭，影响最大者，认为它是源于佛教的吉祥图案。

图515 明万历 拔步床

（苏州博物馆藏）

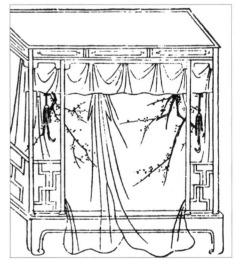

图516 明万历 《三才图会》插图中的架子床

（选自王圻：《三才图会》，上海古籍出版社）

3. 黄花梨曲尺纹架子床

黄花梨曲尺纹架子床（图517）门楣子下框为齐肩榫，正面攒框分为四格，其上装板挖如意云纹式鱼门洞。六根门柱上端为尖头格肩榫。前后左右围板上攒接曲尺纹。

其形制上尽管如此守旧古直，但在细部上，有极晚的符号，一是攒接的曲尺纹，比万字纹、十字连方纹更复杂、更优美，二是腿足上有卷云纹雕工，残留在磨损甚重的足端上。按照类型学分析，这种卷云纹出现于明式家具末期。

这种整体形态简洁的家具上，有偏晚的细节符号，它是明式家具发展第三轨道上的作品。

图 517　清早中期　黄花梨曲尺纹架子床

长 203.2 厘米　宽 100.3 厘米　高 200.7 厘米（苏富比纽约拍卖有限公司，1996 年 5 月）

4. 黄花梨螭龙螭凤纹架子床

黄花梨螭龙螭凤纹架子床（图 518）门楣子为扇活式，绦环板上透雕螭龙纹（图 518-1），螭龙面目凶猛，表达着严厉教子之意。挂檐两端饰螭凤纹角牙（图 518-2）。

围板图案和制作工艺特殊，后面围板和侧面围板上层均为变体螭尾纹卡子花，下层海棠形开光中透雕螭龙纹，工艺精湛，难度极高。

图 518　清早中期　黄花梨螭龙螭凤纹架子床

长 226 厘米　宽 157.5 厘米　高 221 厘米

（选自安思远：《洪氏藏木器百图》）

图 518-1　黄花梨架子床绦环板上的螭龙纹

图 518-2　黄花梨架子床挂檐上的
螭凤纹角牙

图 518-3　黄花梨架子床前
围板上的螭龙纹

　　前围板开光中透雕螭龙纹（图 518-3），其上下端为灵芝纹，与上下框相斗接。左右亦以灵芝纹斗合两边的螭尾纹。此床造型与雕刻风格娟秀玲珑，委婉多姿，制作难度较大。

　　架子床是古人的休息用具，是主人生活中最亲密的伴侣，清初李渔说：

　　人生百年，所历之时，日居其半，夜居其半。日间所处之地，或堂或庑，或舟或车，总无一定所在。而夜间所处，则止有一床。是床也者，乃我半生相共之物，较之结发糟糠，犹分先后者也。[1]

　　从某一角度，床是与人身接触时间最多的家具。同时，床又是男女交媾场地，是孕育生命、生产子嗣之所，所以是宗法社会中最重要的家庭用具，它最能体现世俗人性和人情的要求。这可能连李渔都未讲得那么直接，但大量的高品质实物证明了此点。

　　架子床这类大型卧室家具，价格高昂，置办费用对任何家庭都是不小的开支，一般为婚娶时购进。其上喜鹊登枝、鸳鸯莲叶、鸾凤呈祥、龙凤呈祥、榴开百子、子母螭龙（苍

1　（清）李渔：《闲情偶寄》"器玩部"，人民文学出版社，2013 年。

龙教子）等图案透露了这个玄机。购入高品质家具是婚姻活动的特点，也是古今中外人类的共性。

达则兼济天下，穷则独善其身。这固然为古今都大力弘扬的正能量之理想和口号。但是，温柔富贵之乡则是大多常人的生活梦想，享受和富有又何尝不代表古今芸芸众生对生活富庶的追求。

架子床体现了古人一系列家庭价值观念和对享受、审美的要求，同时它又带有更多的无形价值，是主人经济实力的体现，是夸示财富、显摆家境的载体，是展示地位、获取名誉和区分社会阶层的工具，所以它是婚嫁中最引人注目的旗帜性家具。

架子床更深层地凝结着财富炫耀和身份象征的社会意识，是人们最投入、最重视的家具制作。这是架子床不断精美秾丽、繁华绚烂的重要原因，也使架子床一定要更深度地走向奢侈化。因为是卧房之具，而非书房之品，况且夸奇斗巧、雕缋满眼，似乎不涉雅意。长期以来，架子床之"不雅"被"有罪推论"了，打入另册。明式家具架子床的个中玄妙，无人过问。好像有人能从"书房"家具中找到梅兰竹菊、岁寒三友的高风亮节，发现孔孟老庄以及中华文明的所有宏门大道的博大精深。但在架子床的满园春色中，因为寻不到任何的清雅，多少人失语了。而在市场上，架子床的表现远未达到正常的性价比。

站在多少例架子床前，最鲜明的感受是，明式家具所谓"光素简约"的城堡，在此完全彻底地被攻破或不曾存在。而装饰主义的大旗高立城头，猎猎作响，旗下龙凤飞舞蹁跹，瑞草祥卉如沐春风。城墙上，大写着：人性的证明，人间烟火的胜利。

5. 黄花梨云龙灵芝纹架子床

黄花梨云龙灵芝纹架子床（图519）六柱，有柱础。上有扇活式门楣子，其绦环板上透雕梅花纹，为喜鹊登梅纹之简化，但喻意相同。梅花纹间有双桃，取双双长寿之意。

门楣子下出现挂牙条，不同于常规的挂牙，亦示其年代之晚。挂牙条上透雕云龙纹（图519-1），龙口衔灵芝纹。两旁牙条上亦有灵芝纹。

图 519　清早中期　黄花梨灵芝云龙纹架子床

长 222.7 厘米　宽 147 厘米　高 224 厘米

（选自美国明代家具有限公司：《明式家具图录》）

云龙纹、灵芝纹和牙条形式的出现，表明此床年代偏晚，为清早中期乃至更晚。

床边抹面沿厚大，饰一条洼线，上平面较窄，为立边做法。软藤活屉，一如所有立边做法。

四面围板上攒接、斗簇灯笼锦图案，为二方连续的带状装饰，为十字连反向四合如意纹（图519-2），两纹中间，十字上下连接半个反向四合云纹。前围板中心为正向四合如意纹，四角饰双卷相抵纹角牙。矮束腰，直腿，马蹄足有所磨蚀。

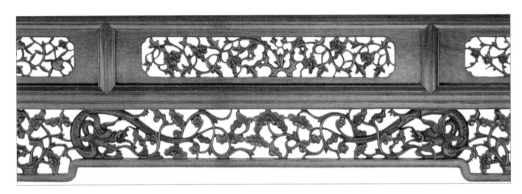

图 519-1　黄花梨架子床挂牙条上的灵芝云龙纹

图 519-2　黄花梨架子床床围上的反向四合如意纹

（三）鼓腿型

1. 紫檀灵芝纹架子床

紫檀灵芝纹架子床（图520）门楣子为扇活，栽榫与床体相合。门楣子上左、中、右三格绦环板上各雕灵芝纹（图520-1），由螭尾纹相连。门楣子下两角置螭龙纹角牙。

两侧围子和后围子为上下两层，上为双环卡子纹，下为十字连方纹（图520-2）。床盘面沿混面，下有束腰、直牙板、小挖马蹄足演示了由直腿马蹄足转变而来的形态。

图520　清早中期　紫檀灵芝纹架子床

长211厘米　宽141厘米　高228厘米

（中国国家博物馆『承古融今　星汉灿烂——中国嘉德艺术品拍卖20年精品回顾展』）

图 520-1　紫檀架子床门楣子绦环板上的灵芝纹

图 520-2　紫檀架子床后围子上的十字连方纹

　　此床四柱，为清早中期之作品，可见明式家具末期也有四柱架子床。而在明万历的《三才图会》插图上，可见六柱架子床（见图 516）。故可言，四柱架子床不一定年代都早，而六柱架子床年代不一定就晚。

　　以往和当下，人们对于古家具关注和赞美最多的是画桌、画案、椅子等所谓书房（文房）用器，而在诸多的古典家具的评论文字中，很少看到对架子床、镜台一类华美秾丽风格的卧室之器的关注和研究。其实，卧室重器架子床是古家具最需珍视的一类。其工艺成就、观赏价值极高外，还更集中、更典型地反映了当时黄花梨家具消费的社会场景和生长环境。它们是古典家具的全息体，有多方面意义可供探究。

　　除拔步床之外，架子床代表了最多部件的生产和最繁杂的组合工艺。家具制作中，越繁杂的构件组合工艺难度越大，对匠艺的要求越高。架子床以几根柱子支起床架，使用起来要稳定坚固，这在力学上有极科学的要求。

　　在装饰上，架子床代表着一系列的工艺的高水平，包括攒框打槽装板挖洞、攒斗、透雕、浮雕等，是各类装饰工艺的最先行步伐和最丰富的成果。

架子床形象显赫，姿态骄傲。在视觉审美上，它具有明式家具诸般风格，体现了传统美学方方面面的特征，审美价值最丰富，它极大地丰富了明式家具瑰丽多姿的面貌。

在当时，一堂明式家具之中，架子床无疑是尊贵的家具旗舰。

对整个明式家具审美风格的区别，可以引用晚唐司空图《二十四诗品》和王世襄参照《二十四诗品》提出的十六品。但要说明的是，这些都是不同审美风格的梳理，而不是价值好坏的评判标准，在任何风格的作品中都有优劣的区别。

晚唐司空图《二十四诗品》中，每品十二句四言韵语，形象地描述了诗歌中各种艺术风格的特征，品目为：雄浑、冲淡、纤浓、沉著、高古、典雅、洗练、劲健、绮丽、自然、含蓄、豪放、精神、缜密、疏野、清奇、委曲、实境、悲慨、形容、超诣、飘逸、旷达、流动。

《四库全书总目提要》称《二十四诗品》："诸体必备，不主一格。"王世襄参照《二十四诗品》之体，为明式家具列出"十六品"，认为"品"即是优秀，其实"品"更多是风格。其十六品为：简练、淳朴、厚拙、凝重、雄伟、圆浑、沉穆、秾华、文绮、妍秀、劲挺、柔婉、空灵、玲珑、典雅、清新。

从明式家具整体发展过程看，各种架子床基本包括了林林总总的各端风格，审美性格丰富多样。如果用以上诸品划分一下黄花梨架子床的审美风格，其功力虽非绰绰有余，但庶几可矣。在此，人们可以看到秾丽、华贵，也可见文绮、清新。有妍秀、有典雅、也有淳朴。厚拙中有灵动，凝重中寓柔婉。雄伟圆浑之体，空灵玲珑之貌，皆有具象，以符其名。

南朝刘勰《文心雕龙》中，将不同艺术风格分为八种："一曰典雅，二曰远奥，三曰精约，四曰显附，五曰繁缛，六曰壮丽，七曰新奇，八曰轻靡。"其中雅与奇、奥与显、繁与约、壮与轻相殊反，构成相互对立的两极。他认为不同作者会有不同风格。同时，一个作者也可以不限一种风格，往往多样并呈或不同时期有不同的变化，这些对风格的概括也适合明式家具中的架子床。

架子床以一己系列迎战一整套杰出的艺术理论的分类，能量超大，容载广博。它是明式家具中的异物，是"外星来客"，不同凡响。

架子床由于在生活、婚嫁用具中的特殊作用，其制作就是不同买家之间、不同生产作坊之间不动声响的比武大会。时代越后，这一点益发突显。

买者千金一掷的笃定，要最贵又要最好，其间的排场会战激励了匠师们的才智比拼。如此，匠作法则与匠师才华充分结合，工匠的体力和脑力的潜能得以焕发。其用料用工竞相铺张，你无我有，你有我多我好。围板上你一层装饰，我分两层，乃至三层。

古人在架子床之上投放的本钱最大。一路走来，更是"踵事而增华，变本而加厉"。通过市场优化成就出今天我们见到的一件件赏心悦目的嘉构。

2. 黄花梨螭龙寿字纹架子床

黄花梨螭龙寿字纹架子床（图 521）体量极大，长度为 252 厘米，极罕见。一般架子床长度多为 220 厘米多。六柱间置罗锅枨，其下无柱础。

前围板分三层，上层、下层雕螭龙纹，中层螭龙体寿字（图 521-1）突显，四周为缠枝莲，构图新奇。门楣子绦环板上雕喜鹊登梅纹（图 521-2），意为喜从天降。挂牙为螭龙纹，意为苍龙教子。心板用料厚大，雕刻断面上精细有工，透雕犹如圆雕，纹饰仰俯变化、凹凸交错，令人叹为观止。

后围板和侧围板为两层，上层为螭龙纹卡子花。下层为斗簇四合如意纹（图 521-3），四合云纹中间分置形形色色、表情不一的螭龙纹。它形成韵律的美、变幻的美，绚丽胜似高贵之锦缎。

图 521　清早中期－清中期　黄花梨螭龙寿字纹架子床

长 252 厘米　宽 156 厘米　高 222 厘米

（中国国家博物馆『承古融今　星汉灿烂——中国嘉德艺术品拍卖 20 年精品回顾展』）

鼓腿粗壮，形态在直腿与小挖马蹄腿之间。它光素，却有力能扛鼎之势，犹如繁复纹饰大厦的别致基座。

束腰打洼，这是制作年份偏晚的表现。

在众多架子床中，此床是图案工艺极为出众的一例，尤其是图案雕刻的厚密繁缛与细致圆润令人称奇。它再一次表明了明式家具的鼎盛期会诞生更多的杰出的作品。

此床可以诠释雄浑、纤浓、典雅、劲健、绮丽、豪放、缜密等风格。它像一个横截面，让我们看到明式家具的黄金年代。

图 521 -1　黄花梨架子床前围板上的寿字纹

图 521-2　黄花梨架子床门楣子绦环板上的喜鹊登梅纹

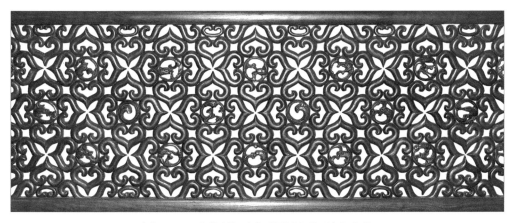

图 521-3　黄花梨架子床后围板上的四合如意纹

3. 黄花梨灯笼锦纹架子床

黄花梨灯笼锦纹架子床（图522）的满身斗簇工艺中，局部配有浮雕工艺。门楣下的挂牙条上中间雕一对螭凤，两边为螭龙，取龙凤呈祥寓意。门柱外两边挂牙条上雕小螭龙纹。

四面床围分为两层，上层为卡子花。下层以攒接、斗簇工艺作灯笼锦图案，为十字连变体反向如意纹、二方连续，呈带状装饰。其式样灵动，技术高超。

束腰打洼起线（图522-1）。打洼加之起线是进一步美化束腰的做法，此形式表明其制作年代为清中期。

小弯马蹄腿，足底有所磨损。

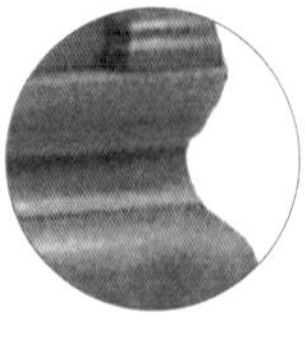

图522-1 黄花梨架子床
打洼束腰上的起线

图522 清中期 黄花梨灯笼锦纹架子床
长218厘米 宽151厘米 高222厘米
（中国嘉德国际拍卖有限公司，1999年10月）

图 523-1 黄花梨架子床前围板上的四合如意螭龙纹

（四）三弯腿型

1. 黄花梨螭龙纹架子床

黄花梨螭龙纹架子床（图 523）为六柱式。门楣子分左中右三格，攒框装板，上雕螭龙纹。前围板（图 523-1）、后围板（523-2）、侧围板上均斗簇四合如意纹。四合如意纹中斗簇团形螭龙纹。前围板上部为正面螭龙纹（"猫脸螭龙"），形象可爱，显现着装饰的新式样。与之相应，牙板中心浮雕团形正面螭龙纹，其两侧为侧面螭龙纹。

"猫脸螭龙"之面部形象出现较晚，但延续时间很长。清中期，紫檀家具上一些被称之为"饕餮"的正面兽面纹就是它的延续。

三弯腿足端雕内卷云纹，这是明式家具中矮三弯腿的一种基本式样，三弯曲线化解了床体巨大矩形的单调。

图 523-2 黄花梨后围板上的四合如意纹

图 523　清早中期　黄花梨螭龙纹架子床

长 227 厘米　宽 148 厘米　高 218 厘米

（北京保利国际拍卖有限公司，2011 年春季）

图 524-1　黄花梨架子床牙
板上的组合草芽纹

2. 黄花梨万字纹架子床

黄花梨万字纹架子床（图 524）为六柱式，其中四柱间有罗锅枨，柱下无柱础。门楣子分左中右三段，每段装板上，委角长方形开光内有多组四合云纹。其下挂牙板上雕勾缠的草芽纹。

前牙板分心花上，雕组合草芽纹（图 524-1），其勾缠、变体，成为新的图案，与门楣板上的左右相缠之草芽纹相呼应。

这种草芽纹年代极晚，但围板上的攒接纹饰却较简洁，为变化形万字纹。三弯腿，足面内卷云纹足。

图 524　清早中期　黄花梨万字纹架子床

长 218.5 厘米　宽 147.5 厘米　高 231 厘米

（故宫博物院藏）

3. 黄花梨月洞门式架子床

黄花梨月洞门式架子床（图525）一改六柱、四柱的陈规，前脸设计成柔美的圆形月洞式门罩。圆给人以圆润、连续、滑动、优美的曲线美感。

圆门为三扇组合，上部为横扇，左右侧各一竖扇。它同后面围板、侧面围板上，均以攒斗四簇云纹（图525-1）装饰，四方连续，计有数百余个，又以十字纹连接，纵横缤纷，锦绣般的攒接令人目眩神迷。显然，此床为明式家具末期后的变化体，变化得更加华贵秾丽，工笔重彩。其下部的雕刻图案更令人震撼。图图有心，

图 525　清早中期－清中期
黄花梨月洞门式架子床
长 247.5 厘米　宽 187.8 厘米　高 227 厘米
（故宫博物院藏）

图 525-1　黄花梨架子床后围子上的四簇云纹

图 525-2　黄花梨架子床后围子上的螭龙螭凤纹

图 525-3　黄花梨架子床束腰上的喜鹊石榴纹

图 525-4　黄花梨架子床牙板上的大小螭龙纹

图 525-5　黄花梨架子床牙板上的子母螭龙纹

处处存意，其观念寓意之强烈、构图设计之圆融、浮雕技艺之奇绝，堪称明式家具之观止。

后围板下部中段的绦环板上雕螭龙螭凤纹（图 525-2）。其右前围板下部绦环板上，雕大螭凤纹。其头前似为一朵卷草，实为变体卷草形螭尾纹。大螭凤上方，有正反一对小螭凤，为子母螭凤纹主题。在左前围板上，则浮雕一大二小螭龙，亦为子母螭龙纹主题。

在高束腰上，以竹节纹矮老隔出了五个空间，展示了连环画式的组图。从其右向左看，分别为喜鹊石榴纹（图 525-3）、鸳鸯莲叶纹、鸾凤灵芝纹、鸳鸯莲叶纹、喜鹊寿桃纹。它们寓意着榴开百子、一路连科、鸾凤呈祥、夫妻恩爱、喜从天降和喜庆长寿。这是婚嫁时祝愿图案的集合，表达庆贺喜事、夫妇恩爱、祈求子嗣、望子成才。它们咸集一堂，明确无误地表明这个架子床购置的用途。

在牙板中心两侧上，分别为精致的大小螭龙纹（图 525-4），这具有经典意义。在牙板分心花上及其上方，雕大小两个"兽面纹"。这两个"兽面纹"实为变异的两个正面螭龙纹，为子母螭龙纹（图 525-5）的新式表达。它们成双成对是特意的设计，这类图案明确表明此床年份接近清中期。正面螭龙纹在清中期家具更加抽象，似带有青铜纹饰风格，故常有人误称之为"饕餮纹"。

在明式家具牙板上，此类左右呈现两组完整的子母螭纹样的实例较少，多见左右螭龙间加螭尾纹。牙板上还雕有走动状螭龙纹，为走兽式螭龙。

三弯腿肩雕象面纹，寓意太平有象。此吉祥符号起码在清雍正时期的其他工艺品上已经使用。腿之正面大螭龙（图525-6）纹前，有一条回首小螭龙，一大一小螭龙旁，又饰一个螭凤头，此组合意味深长。

这些婚庆常用图案与多个子母螭龙纹共存一器之上，也确凿无疑地坐实了子母螭龙纹使用的时机亦在婚庆之时，它们像证据链之中的多个证据形成互证。

其仿竹纹矮老、高束腰、正面螭龙纹、走兽式螭龙纹、分心花、拐子螭龙纹、写实性的花鸟纹、侧面挂牙板上雕刻的暗八仙纹和云纹、鹤纹等，均表明其年代最早为清早中期乃至更晚。床上图案的"乾隆工"风格也表明了年份。

此床整体设计之独创、构件布局之合理、雕刻图案之丰富杰出，诸方面都堪称出类拔萃，令人惊喜不已。它在用材硕大、设计创新、制作精细、视觉美观、纹饰丰富、观念表达等诸方面，均超越同侪。其多方面的谐调而合一，完美而巧妙，反映了杰出作品的工料兼具、以品取胜的特性，可称为明式家具经典中经典。

人们常说明式家具简约，此器却一派繁华；常说乾隆朝家具雕琢铺张，此床不遑多让，它是清早期走向清中期的过渡之作。

明式家具末期的奢华富丽和豪侈之风，由此可见一斑。这类器物表明，明式家具无疑有自己绚烂如花的妖娆岁月。

此床长度为247厘米，物理量感超群。其繁复的纹饰和肌理又更增大了整体的心理量感。

财富时代，权力精英、财富精英通过物的使用，追逐荣耀和身份认同。在另一方面，这也大大激发了能工巧匠设计的想象力，工匠的智慧和潜能又一次次地被开掘。富裕和金钱是匠作发展的前提，没有人买单情景下，不要谈工匠精神和匠学的伟大。时代的富有、工匠技艺的高超，这是产生杰出物质作品的两大条件，而任何令人称赞的器物身上都凝固着这些气质。

此床购自山西，其左后角一根立柱用榉木配制。按照古典家具行当的经验，做出概论推算，它应该为苏作。这也验证着笔者的判断：远在京津、河北、山西、山东、河南、陕西的明式家具，大多数是苏作制品，通过流通而运达四方。

图 525-6　黄花梨架子床腿足上的大小螭龙纹

1. 黄花梨福寿字螭龙纹架子床

黄花梨福寿字螭龙纹架子床（图526）为六柱，四周门楣子嵌绦环板，上透雕螭龙纹，挂牙上雕子母螭龙纹。

四面床围上下均分为三层。后面围板上层置五个螭龙纹卡子花，中层分左、中、右三段，分别透雕子母螭龙纹，其中圆形开光中雕团寿纹、团福纹（图526-1）。团寿字、团福字笔画均由螭龙组合而成。下层左、中、右三段中仍透雕子母螭龙纹。

图 526　清早中期　黄花梨福寿字螭龙纹架子床

长 227 厘米　宽 157 厘米　高 221 厘米

（香港两依藏博物馆藏）

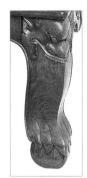

束腰上雕螭龙纹和寿字。束腰下有托腮。

牙板中心有分心花，其上雕螭尾纹和灵芝纹，为灵芝螭尾纹。其左右螭龙飞动，两头相对，构成左右对称的两组子母螭龙纹。

三弯腿足雕螭龙爪纹（图 526-2），行当内俗称之为"狮头虎脚纹"或"兽吞足纹"。床腿肩部雕兽面，笔者在炕桌一节中已有辨析。其实，这是新出现的立体的螭龙头纹和螭龙爪纹。它们与全床上下的螭龙纹呼应，形成完整的螭龙纹群。对于此纹，行业内相见多年犹如初见，不曾探讨也不知其中真意。

此类螭龙头爪纹架子床实物较多，范式基本一样，是一个时代的产物。在年份识别上，此床床围全部为透雕螭龙纹，螭龙纹中拱螭龙体寿字、福字，螭龙身尾旋卷多姿，充满空间。这种空间布局和寿字、福字开光为清早中期特点。

清早中期，架子床中出现了这种新的形态，全床完全由雕刻装饰。围板上下分为三层，重工繁饰，雕饰螭龙螭凤纹，螭龙纹中带有团寿字或团福字。束腰、牙板、门楣子上亦雕螭龙、螭凤纹。腿足上雕螭龙头爪纹。

在清晚期，许多红木灵芝纹和太师椅上，足端常雕兽面纹，俗称"鳌鱼脚"。实际它们也是螭龙头纹。多少年后，明式家具上常见纹饰的寓意仍被子孙辈的红木家具沿袭着。

此类床还有一个明显的特征，六柱直接边抹，柱下无柱础，这不同于柱下置柱础的架子床。

2. 黄花梨福寿字螭龙纹架子床

黄花梨福寿字螭龙纹架子床（图 527）四面床围、牙板、三弯腿、束腰等处的格局和纹饰与上例架子床基本一样。其区别之处，一是四周门楣子的绦环板上，透雕喜鹊登枝纹，与上例之透雕螭龙纹有别。二是束腰由两节矮老隔成左、中、右三段，左段和右段上，对称的双螭龙间雕对称的螭尾纹。中段上对称的双螭龙之间雕变体寿字。三段束腰上的符号全部代表子母螭龙纹寓意。

成书于明隆庆、万历年间的《金瓶梅词话》，假托宋朝旧事，却真实地展示明晚期山东省临清县的一个亦商亦官家庭的奢靡生活。书中展现了晚明社会的众生相，是理解明晚期不可多得的文献，而且书中经济信息之多堪称中国小说之最。

从专业角度，笔者更关注此书中家具方面的描述，《金瓶梅词话》中有一系列对床表现。可以让人直观地明白当时的床的价值。如第七回媒婆薛嫂找到西门庆的药铺，向西门庆提亲时，说道：

这位娘子，说起来你老人家也知道，就是南门外贩布杨家的正头娘子。手里有一分好钱。南京拔步床也有两张。四季衣服，妆花袍儿，插不下手去，也有四五只箱子。[1]

第八回开头有这样一段：

话说西门庆自娶了玉楼在家，新婚燕尔，如胶似漆，又遇陈宅使文嫂儿来通信，六月十二日就要娶大姐（按：西门庆大女儿）过门。西门庆促忙促急攒造不出床来，就把孟玉楼陪来的一张南京描金彩漆拔步床陪了大姐。[2]

第九回中，写西门庆娶潘金莲后，用了十六两银子买了一张黑漆描金床，……却用了五两银子买了一个小丫头，名叫小玉，……又用六两银子买了一个可以上灶的丫头，名秋菊。

第二十九回，写西门庆：

看见妇人睡在正面一张新买的螺钿床上。原是因李瓶儿房中安着一张螺钿敞厅床，妇人旋教西门庆使六十两银子，替他也买了这一张螺钿有栏干的床。两边槅扇都是螺钿攒造花草翎毛，挂着紫纱帐幔，锦带银钩。[3]

在九十六回，西门庆女儿死后，陪嫁的那张床被抬回家，后又变卖，吴月娘说那床只卖了八两银子。

接下来又写到，自西门庆死后，家中只有支出，没有进项，原先六十两银子买进的床，只卖了三十五两银子。

1、2、3（明）兰陵笑笑生：《金瓶梅词话》第七回、第八回、第二十九回，人民文学出版社，2008 年。

《金瓶梅词话》中，这些写床的笔墨有意无意透露出这样的信息：

一是嫁女要陪嫁床，西门庆匆忙嫁女儿，"促忙攒造不出床来，就把孟玉楼陪来的一张南京描金漆拔步床陪了大姐"。这里两次出现了陪嫁床的文字，孟玉楼嫁来时陪一张床，后又用作西门庆女儿的陪嫁。再后来，她死去，床被取回变卖，得八两银子。陪嫁品作为女方的私家财产，女儿死后要取回。

历史学领域的研究成果也印证了上述描写，历史学学者认为，在明清时期，嫁妆在婚后仍属于女子的私有财产，这种财产对于保障女子在婆家的地位和话语权提供了保障。这可能是明清历代厚嫁的一个重要原因。

在大量明式家具上，雕饰的凤纹就是嫁妆符号，表明财产的权属。晚明小说描绘的生活和历史学成果可视为凤纹寓意的注脚。

二是西门庆为新娶的潘金莲买床，花了十六两银子，但她不满意，还要一张像李瓶儿房中一样的床，西门庆又使了六十两银子，买了一张有隔扇的床（在大漆家具中，拔步床和架子床上，均有带隔扇的做法。硬木床遗物上，未见隔扇）。西门庆死后，家中无收入，李瓶儿那张价值六十两的床，"可惜了"，只变卖了三十五两银子。

当时买一个丫头，只用五两银子，可以做饭的（上灶）丫头只用六两银子。而九十七回中，另外一个人物庞春梅用三两五钱就买了一个13岁的丫环。对比可知当时床的昂贵，一张床六十两银子，抵十至十七八个丫头的身价。

三是媒婆给西门庆说亲，介绍女方情况的顺序，首先谈的是经济，其次是身世，最后是年龄。

说亲首先谈论女子的经济财产，反映了明晚期婚嫁活动中对女子嫁妆的重视，而以"南京拔步床也有两张"为介绍重点，其次才是"四季衣服……"。这也表明，当时人认为拔步床是重要的财富。

《金瓶梅词话》中的床应是大漆柴木的架子床或拔步床，反映是明隆庆、万历年间（托名宋代）大漆床具的市场价格和财富象征性。后来居上的更时尚、更珍稀的硬木架子床当然会继承这种象征性，同时其市场价格也只能是更为高昂。

那么，当时黄花梨家具价值多少钱呢，不妨就不多的文献资料简单地表述一下，观察一下硬木家具在当时大的物价体系中是什么状态。明代万历范濂《云间据目抄》记：

细木家伙，如书桌禅椅之类，余少年曾不一见，民间止用银杏金漆方桌。自莫廷韩与顾、宋两家公子，用细木数件，亦从吴门购之。隆、万以来，虽奴隶快甲之家，皆用细器。而徽之小木匠，争列肆于郡治中，即嫁妆杂器，俱属之矣。纨绔豪奢，又以椐木不足贵，凡床橱几桌，皆用花梨、瘿木、乌木、相思木与黄杨木，极其贵巧，动费万钱，亦俗之一靡也。[1]

这里的"动费万钱"，价格几何？《明史》载：

每钞一贯，准钱千文，银一两；四贯准黄金一两。[2]

在明洪武八年（1375 年），明太祖朱元璋正式发行了纸币"大明宝钞"。规定大明宝钞每贯纸币折合铜钱一千文，值银一两，四贯宝钞合黄金一两，即四两白银合一两黄金。但是这个规定难以维持，银和钱比价一直有所起伏调整。白银与铜钱的合算，大体上整个明朝一两银子都只能换六七百文钱(有时低到三四百文)。

顺便谈一下，清朝初期也规定一千文铜钱合一两白银，但乾隆以前大体上一两银子只能换七八百文。而乾隆以后，因民间私铸小钱的增多和日本、越南等国轻钱的流入，以及白银外流，一两银子增值可以换到一千到两千文钱。

"花梨、乌木"家具"动费万钱"。"万钱"大致为十两至十四两银子，"动"的意思是"动不动，常常"，即当时任何一件黄花梨家具动不动就要花上十两至十四两银子。那么出众的家具价格会更为高昂。

明崇祯年，嘉兴县富侈人家家具必求黄花梨、瘿柏，镶嵌大理石和铜饰，一件屏风的费用几乎价值中产之家的全部家产。

至于器用，先年俱尚朴素坚壮，贵其坚久。近则一趋脆薄，

1 （明）范濂：《云间据目抄》卷二"记风俗"，江苏广陵古籍刻印社，1983 年。
2 （清）张廷玉：《明史》志第五十七，"食货五"，中华书局，1974 年。

苟炫目前，侈者必求花梨、瘿柏，嵌石填金，一屏之费几直中产。[1]

相关的家具价值记载还有清初张岱《陶庵梦忆》记载：

癸卯，道淮上，有铁梨木天然几，长丈六、阔三尺，滑泽坚润，非常理。淮抚李三才百五十金不能得，仲叔以二百金得之，解维遽去。淮抚大恚怒，差兵蹑之，不及而返。[2]

这里说的是，明万历癸卯年，官员李三才巡视淮阳时，见到一个铁力木天然几（大案），长一丈六（大约五米），宽三尺（大约一米），质地光滑润泽，纹理漂亮异常，李三才出价一百五十两白银，卖家不卖。但马上，张岱的二叔、江南大收藏家张联芳花二百两白银买下了天然几。这铁梨木天然几尺寸大得传奇，价格也奇葩，胜过当时成化鸡缸杯。据明《神宗实录》载：

神宗时尚食，御前有成化斗彩鸡缸杯一双，值钱十万。[3]

铜钱十万大致为一百两至一百四十两银子。这说明在明神宗万历皇帝时，成化斗彩鸡缸杯的价格。

1　[崇祯]《嘉兴县志》卷一五"政事志·里俗"，书目文献出版社，1991 年。
2　（清）张岱：《陶庵梦忆》卷六《仲叔古董》，中华书局，2008 年。
3　（明）《明神宗实录》。

（六）直腿圆裹圆型

1. 黄花梨直腿圆裹圆架子床

黄花梨直腿圆裹圆架子床（图 528）为四柱式，门楣子为扇活形态，与四柱相连。攒框中，扁圆环构成二方连续图形，各环由短材与上下框相接。

后面、两侧围子中，多个圆环套叠成行，交接处以结子纹装饰，特别带出了年代偏晚的气息。多环纹上下以圆状卡子花（图 528-1）与上下边框相接。

床边抹下垛边一层，下为圆裹圆罗锅枨，枨上饰委角扁圆形卡子花。

图 528　清早中期　黄花梨直腿圆裹圆架子床

长 228 厘米　宽 157.5 厘米　高 210.8 厘米

（佳士得纽约拍卖有限公司，1999 年 9 月）

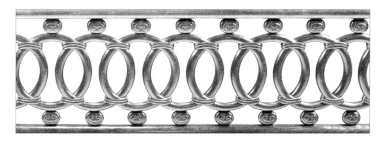
图528-1　黄花梨架子床围子上的圆环纹和卡子花

门楣子、围板、罗锅枨上的卡子花以三种不同的圆形形成变化对比，又相得益彰。上中下各层装饰亦不拘成规，使此床成为难得的一品。

明式家具晚期的器物上有加大圆环数量的趋势。一般而言，圆环越多，年代越晚。

各种架子床做得繁华秾丽，不惜工本。还和婚庆活动中的一种风俗相关，这种风俗是围绕床而展开的。

在宋元明清历代的婚嫁活动中，有一种礼仪，称为"铺床"，或称"铺房""扫床"。它普遍至极，全国皆然。其基本内容相同，即女方家人在新婚当晚或婚礼前一至三日，送嫁妆时进行铺床、布置新房，程序是安床挂帐为先，再扫床，铺鸳鸯枕、龙凤被等。

古代男女结婚最重要的意义是传宗接代、延续生命。交媾和生养孩子的新床就是一件神圣之物。因此，就连新郎新娘在未举行婚礼仪式之前也不可以坐在床上。

主持铺房的人选一般是一位夫妇双全、子嗣昌盛、家境富裕的"好命婆"或"富贵婆"。寡妇或未生育过的妇女不能触碰床和被褥，甚至在仪式中也不能搀扶新娘。"好命婆"铺床同时，要吟唱祝福的吉祥话、顺口溜，其意基本是祝愿新婚夫妇恩爱、早生贵子、长命富贵、及第登科。

观念和精神活动的表达，需要以物质形态作为支撑，架子床就是祈子观念的物质平台。它是婚庆礼仪节目中的道具，是铺床、撒床活动的圆心和焦点。这些原因也必然促进架子床制作的高档化、奢侈化愈演愈烈。

四、拔步床式

1. 黄花梨万字纹拔步床

黄花梨万字纹拔步床（图 529）制作简素，床顶和地平为大漆柴木（一般各种材质的拔步床，地平都是换过的）。床柱之间，攒接围板，纹样为万字纹。门楣子下横框为平肩榫。其上装板挖鱼洞门。其用材收敛，工艺式样也表明其年代之久远，一派早期气象。

迟至 21 世纪以后，在家具行里，还可以随便看到不同式样的柴木拔步床。虽然如此，几百年前，它们也不是平民百姓的用具。《金瓶梅词话》中，多次提到拔步床的昂贵，犹如今天人们提到富有者家有别墅豪宅一般。

历史上，柴木拔步床地位如此之高，数量这般众多，但与此形成强烈对比的是，在行家们地毯式全国搜集的几十年中，黄花梨拔步床完整实物仅见二例（以公开曝光者计算）。尽管坊里曾有过零散构件被认为是解构后的拔步床散件，本人亦曾经手。

拔步床是中国古典家具中，体积最大、价值最高的品类。但在紫檀、黄花梨家具的制作中，它几乎是没有参与进来。

拔步床磅礴大气，耗材费工，再富有者也不是轻松玩得起的。这是黄花梨、紫檀至此地几乎望而却步的主要原因。

尽管当时钟鸣鼎食之家轻财重奢，竞事华侈。但在这张烧钱的血盆大口面前，人们还保持了少有的理性。而将柴木拔步床上蕴含的权势和财富含义转移到的黄花梨架子床上，黄花梨架子床成为工艺精良、独领风骚的一大门类。

图 529　明晚期—明末清初　黄花梨万字纹拔步床

长 219 厘米　高 231 厘米

（美国堪萨斯市纳尔逊·阿特金斯艺术博物馆藏）

第九章　屏类

屏风分为插屏式、落地座屏式、围屏式。

一、插屏式

插屏分为小型和中型两种，小型者一般称为砚屏或小插屏。

1. 紫檀嵌大理石砚屏

紫檀嵌大理石砚屏（图530）出土于上海市宝山区明万历朱守诚墓，为至今仅见的明晚期硬木砚屏实物，它提供了多样的信息：

1.边框平素，内口斜直。

2.站牙为溜肩宝瓶形（图530-1），边缘饰宽阳线。

3.屏风前置栏杆式笔格，面上有五个孔洞，下有托子，对应也有五孔托底，用于插置毛笔。平板式底托上起线。四角下有扁足。

图 530　明万历　紫檀嵌大理石砚屏
长 17 厘米　宽 8 厘米　高 20 厘米
（上海市文物管理委员会：《上海宝山明朱守诚夫妻合葬墓》，《文物》1992 年第 5 期）

栏杆式笔格造型为条桌式，面板厚硕，矮束腰，素牙板粗阳线。侧脚明显。矮马蹄，足尖外挑，曲度柔婉。腿内侧略呈弧状。

4. 屏心大理石板是少见的明代出土的大理石实物。

5. 大理石板下横枨突出于左右两框，为飘肩榫（图530-2），有行家称之为"蛤蟆嘴榫"。可见在明晚期，齐肩榫、飘肩榫、尖头格肩榫都已经存在。

齐肩榫和尖头格肩榫也见于苏州市明万历王锡爵墓出土的冥器拔步床（见图515）上。

6. 横枨下券口为壶门牙板，边起灯草线，粗壮饱满。

早期明式家具中的插屏完全光素，以这件紫檀嵌大理石砚屏为代表，这是明万历朝考古出土的标准器。其呈现的形态为明晚期此类家具的基本特征。根据这些特征可以在明式家具实物中找到与其相近形态的器物，并对其进行相对年代的识别。

南宋赵希鹄谈到笔格时曾云：

象牙、乌木作小案，面上穴四窍，下如座子，洗笔讫，倒插案上，水流向下，不损烂笔心。[1]

可知如紫檀插屏桌面上开孔窍的笔格式样，起码在南宋已有，实物晚明仍存。其用法是洗笔以后，毛笔倒立，插在桌面上，水流向下，不损烂笔芯。同时，在宋代，砚山和模仿砚山样式的笔格已经出现，毛笔成横卧式。北宋米芾在《砚山铭》诗前小序云："谁谓其小，可置笔砚。"

从出土文物看，山子笔架出现于南宋。有多例发现，有石、水晶、铜等材质。其中安徽省广德县桃州镇工会苍宋墓出土的铜笔山有一定的代表性。[2]传世品中也偶见与其形态相近的铜笔架，如铜山形笔架（图531、图532）。后此式日趋成为一种主流样式。赵希鹄《洞天清录集·笔格辨》中也谈到：

图 530-1　紫檀砚屏的溜肩宝瓶形站牙

图 530-2　明万历　紫檀砚屏横枨上的飘肩榫

1　（宋）赵希鹄：《洞天清录》"笔格辨"，浙江人民美术出版社，2016年。

2　安徽省文物局：《安徽文物鉴定40年》页355，安徽美术出版社。

灵璧、英石自然成山形者可用，于石下作小漆木座，高寸半许，奇雅可爱。

这从文献角度表明有木座的山形笔格在南宋已经存在。

明末文震亨说：

笔格（按：栏杆式）虽为古制，然既用砚山，如灵璧、英石，峰峦起伏不露斧凿者为之，此式可废。[1]

审美上一切以旧式为雅的文震亨也认为，宋以来的这种栏杆式笔架"可废"，那么这种造型基本上已成为历史了。明晚期后，桌面开孔的栏杆式笔格基本不见了。而山形石质、铜质笔格（笔架）则普遍得以使用。

图531 宋—明 铜山形笔架

长 14.5 厘米 宽 2.6 厘米 高 7.2 厘米

（北京私人藏）

图532 宋—明 铜山形笔架

长 17 厘米 宽 2.5 厘米 高 8 厘米

（北京私人藏）

1 （明）文震亨：《长物志》卷七"器具"，金城出版社，2010年。

2. 黄花梨宝瓶式站牙砚屏

黄花梨宝瓶式站牙砚屏（图533、图533-1）为上例形制的发展式。它们都有溜肩式宝瓶形站牙和壶门牙板券口。区别是本砚屏没有条桌式笔格、站牙无起线、底足为亚字形框架、券口竖牙板上起牙状修饰。

站牙作为插屏结构性的构件出现极早。在明式家具的插屏上，早期光素，后期雕饰，日趋绚丽。

图 533-1　黄花梨砚屏的背面

图 533　明末清初　黄花梨宝瓶式站牙砚屏

长 24.7 厘米　宽 12.5 厘米　高 23.7 厘米

（选自叶承耀、伍嘉恩：《燕几衎榻：攻玉山房藏中国古典家具 三》，香港中文大学文物馆）

3. 黄花梨螭龙纹插屏

黄花梨螭龙纹插屏（图534）属于中型屏风，发展为上下可拆合的两拿式样，上部攒框装花斑石。下座装绦环板，上左右雕螭龙纹，中间为变体寿字纹。其下披水牙板上浮雕螭尾纹。站牙透雕螭龙纹。

此屏上之绦环板、披水牙板、透雕站牙等形式均是清早期出现的。站牙下墩子为抱鼓式。其追慕古意之中，可以加强足部自重，同时也带有夸示豪奢的意味。

抱鼓式座墩在宋画、明画（包括刻本版画插图）屏风形象中，大量存在。在山东省邹县九龙山明洪武年鲁王朱檀墓出土的屏风、衣架、巾架上都存在。但由于黄花梨、紫檀材料珍贵，密度和自重较大，早期明式家具在起步时，尺寸较小，多数插屏无需鼓形构件为底也可以稳定重心。其形态上多仿效和拷贝的大漆家具中简洁一脉的式样，所以宝瓶式站牙多见，抱鼓式座墩为少。这里仍要重申，不能把有纪年出土的柴木家具的某个构件与硬木家具的构件简单对比，就简单地确定硬木家具的年代。

清早期以后，在式样的扩展中，慕古之式卷土重来，抱鼓式座墩又重回插屏之上。

从实物看，大中型插屏一般是在清早期出现，并有上下体可拆分的形式。其上各个构件增加的浮雕或透雕纹饰，基本是螭龙纹和螭凤纹。

4. 黄花梨螭龙灵芝纹插屏

黄花梨螭龙灵芝纹插屏（图535）屏心为绿端石，选石精良，石纹变幻，如流水行云。其下绦环板上透雕螭龙灵芝纹（图535-1），站牙透雕螭龙纹。足墩为抱鼓式。

螭龙之间为灵芝纹，而非螭尾纹，这是一种变异的形态。

图 534　清早期　黄花梨螭龙纹插屏

高 80 厘米

（中贸圣佳国际拍卖有限公司，2016 年秋季）

图 535-1 黄花梨插屏
绦环板上的螭龙灵芝纹

图 535 清早中期 黄花梨螭龙灵芝纹插屏

长 39 厘米 宽 28 厘米 高 50.5 厘米

（广东留余斋藏）

5. 黄花梨回纹插屏

黄花梨回纹插屏（图 536）上下可拆分，为两拿式。站牙、足座、披水牙板上均饰回纹，绦环板中间上雕四合云纹(图 536-1)，中间有圆珠纹，两端雕回纹。这两种纹饰年代均较晚。

这件座屏说明在清早期普遍趋于繁复的装饰中，也有简洁纹饰存在。清早期后，家具上纹饰的进一步演化，有两个方向：一是构件上的螭龙纹变化更为复杂。二是个别器物的图案又走向简化。本黄花梨回纹插屏就体现这一点。它们不论是繁是简，都呈现出演化中的变迁。抽象减化的图案仍然可以让当时的人联想到原型之意。

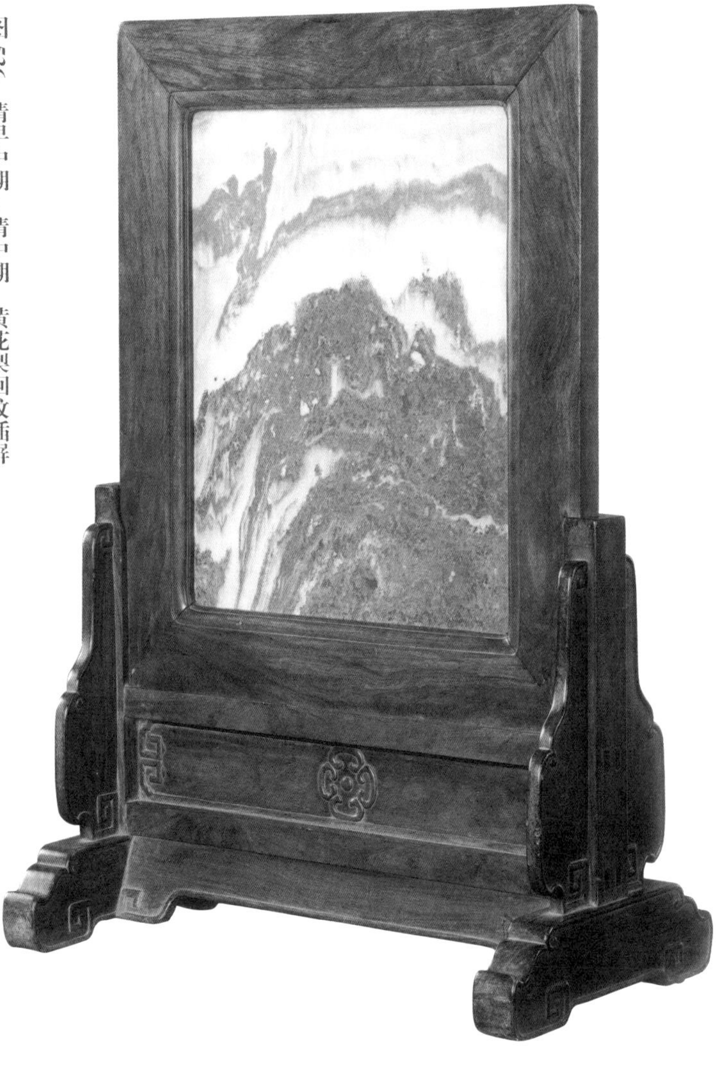

图 536　清早中期－清中期　黄花梨回纹插屏

长 55 厘米　宽 35 厘米　高 79.5 厘米

（北京元亨利艺术馆藏）

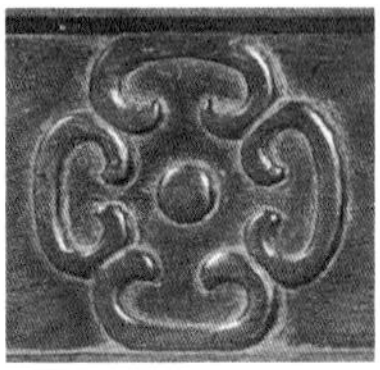

图 536-1　黄花梨插屏绦环板上的四合云纹

图 537 清早中期 黄花梨抱鼓式座墩插屏

长 73.5 厘米 宽 39.5 厘米 高 70.5 厘米

（选自庄贵仑：《庄氏家族捐赠上海博物馆明清家具集萃》，两木出版社）

6. 黄花梨抱鼓式座墩插屏

黄花梨抱鼓式座墩插屏（图 537）有一个显著特点，是外框中有内框，形成大小框。大小框间绦环板上的海棠式开光中，透雕卷珠形纹饰，为螭龙纹尾部的变异体。旧日程式化的螭龙纹此时已演变成崭新面孔，成为卷珠纹（图 537-1），这是经历长久时光后的新貌。

披水牙板上左右均透雕变体双牙纹（图 537-2），抱鼓式座墩，亚字形框架为底托。

图 537-1 黄花梨插屏绦环板上的卷珠纹

7. 黄花梨拐子螭龙纹插屏

黄花梨拐子螭龙纹插屏（图538）是一个特例，虽为黄花梨制作，但已为清式风貌。绦环板上螭龙纹全身拐子化，站牙上透雕拐子纹，牙板浮雕拐子纹，足墩上阴刻拐子纹。

清早期以后，大部分原初的螭龙形象之嘴、尾、足不断地方折化，最终成为如此这般形象。当然同时，还有另外一部分器物上，螭龙之身尾演变成多草叶式的圆曲线条，如黄花梨螭龙纹插屏（见图534）。早期的螭龙纹是一种模拟美学形态，晚期螭龙纹的方拐化和圆曲的阳线化则是抽象美学、几何美学形态了。

此插屏是明式家具纹饰流变的终结，由此，也可以看到明清器物之间的传承演变。正如艺术史学家所说，任何时代的艺术家都是在前人的图示基础上发展的。

图 538　清中期　黄花梨拐子螭龙纹插屏

长 52.5 厘米　宽 35 厘米　高 72.5 厘米

（广东留余斋藏）

二、落地座屏式

明式家具中落地大屏风实物较少，极为珍贵，其中基本是大小（仔）框式，图案形象生动活泼，整体构图充满节奏感，表现力强劲，为明式家具晚期加大观赏面法则的产物。这类器物自然以有口岸之便、木材之便的闽地居多。制作者不惜工时，更不惜良材。与其说是展示屏心，不如说更在乎屏架和屏框，以此达到宣示纹饰图案的内容主题和表现装饰工艺效果。

1. 黄花梨子母螭龙纹座屏

黄花梨子母螭龙纹座屏（图 539）上下七块横向绦环板上，均雕有大小不一的子母螭龙，其上螭龙数字不一，形态分别是一大一小、一大二小、一大三小。竖向绦环板上雕有石榴纹（图 539-1），为祈子之意。站牙上端雕螭龙纹、螭凤纹，为龙凤呈祥之意。

祈子、教子、石榴及龙凤呈祥纹饰，表明此屏为婚嫁时制作的。

图 539-1　黄花梨座屏竖向绦环板上的石榴纹

2. 黄花梨走兽式螭龙纹座屏

黄花梨走兽式螭龙纹座屏（图540）雕工华美，形象立体。四块横向绦环板上均透雕对称的走兽式大螭龙（图540-1）。一般螭龙纹间常见的螭尾纹被其他纹饰代替，可见，明式家具最后时节，变异而来的螭尾纹还会继续发生更大的变异，而且有时还干脆被其他纹饰代替。座屏两侧竖向绦环板上也透雕子母螭龙纹。

此座屏上的螭龙纹构图亦显示了大小螭龙纹和单个螭龙纹交替使用的设计匠心。此处的单个螭龙纹与大小螭龙纹的寓意是相同。

座屏绦环板中也出现了洞石纹、花草纹，牙板中间有变异分心花纹，这些都表明其年份较晚，接近清中期。

图540 清早中期 黄花梨走兽式螭龙纹座屏

长 84 厘米 宽 46 厘米 高 140 厘米

（选自楠希·白铃安：《屏居佳器——十六至十七世纪中国家具》，美国波士顿美术馆）

图 540-1 黄花梨座屏横向绦环板上的走兽式螭龙纹

3. 黄花梨子母螭龙纹座屏

黄花梨子母螭龙纹座屏（图541）是上世纪古家具商人在福建泉州"铲地皮"发现的，应为旧日当地所制。作为黄花梨木料主要进口口岸和明式家具主要产地的漳州、泉州，应不会由外省份购入大的黄花梨家具成品。当地古家具行家也认同此座屏为闽作作品。其特点显著：

图541 清早期 黄花梨子母螭龙纹座屏

长181厘米 宽41厘米 高215厘米

（佳士得纽约拍卖有限公司，1996年9月）

1. 大框内套以小（仔）框，形成带有多个绦环板的大边框。多个绦环板将图案格局设计达到极致。从框架格局规划、图案设计、雕刻水平和屏心用石等多个方面评判，此屏风堪称是各类座屏的个中魁首。

2. 各个边框多个仔框内雕子母螭龙纹（图541-1），个别仔框内只雕有单条螭龙。形成了不同的视觉变化。每处都雕刻成组的子母螭龙会使布局拘执、拥塞。穿插单条螭龙纹，可以使整个构图视觉更活跃丰富。

3. 各部透雕断面之处处理得精致入微，有如圆雕，是透雕之作的标尺。王世襄曾指出，这就是清代匠作则例所谓的"玲珑过桥"。

4. 屏风中心嵌大理石板。清早期，大理石板使用于大型硬木家具之上还是极其个别的现象。而遗留下的实物又多是损坏后修配的。大小框做法也有功能的考虑，如果过大的石板占满大框，座屏上体会过重，头重脚轻，容易倾覆。同时，各种座屏也不都是装石板，也会装镶其他材质作品。

明式家具由简至繁，从重实用到重观瞻，走过了一条有规律可循的路程，这是一个工艺之河的自然流淌。当你认真审视波涛东去的每一步，就会发现其审美的前方，是观赏面的趋大，更具体地说，是在走向屏风化。

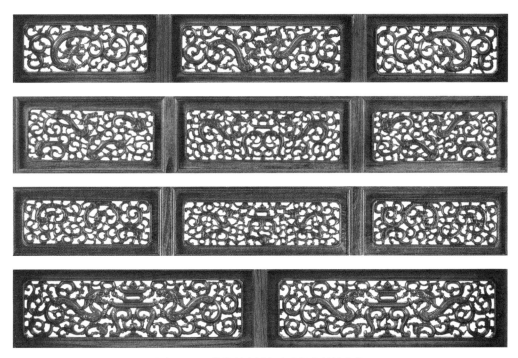

图 541-1　黄花梨座屏各小边框上的螭龙纹

回首过去，历史告诉人们，历朝历代，在古人生活中真正名副其实的屏风，一直享有至高的地位。

明朝罗欣所著《物原》中称："禹作屏"，称大禹做屏风，但此属传说，无据可考。西汉戴圣《礼记》云："天子设斧依于户牖之间。""斧依"，东汉郑玄作注："依，如今绨素屏风也。有绣斧纹所示威也。"当代考古学家考证甲骨文、金文中"王"字，形如斧钺，认为斧钺在商周时期，曾长期作为军事统率权的象征，王的本义就是军事统帅，[1] 所以这里所言天子用斧纹屏风，以示威严，大致可信。"所示威也"，带有视觉上的社会意义，也合"天子当屏而立"之意。

《周礼》中有"设皇邸"一词，唐人贾公彦作疏："邸谓以版为屏风，又以凤凰羽饰之，此谓王坐所置也。"屏风实用的遮蔽、间隔之效外，各种绘饰明确彰显了屏风的陈设性、观瞻性和权势意义。

西汉马王堆汉墓发现了木质漆屏风实物是较早的典型屏风，两足相托的长方形屏风上，一面纹饰为龙腾云间，另一面，中心为谷纹玉璧纹，四周围以几何方连纹。

东汉时屏风已流行，且与床相结合，成就为屏风床，有两屏或三屏相围。东汉王充《盐铁论》说："一杯棬用百人之力，一屏风就万人之功，其为害亦多矣。"一个杯子用百人制作，一件大屏风则动用万人劳力。权力富贵之器一定是建立在各种价值之上。但从某一角度，当然可以认为它是劳民伤财，为害亦多矣。

魏晋南北朝隋唐五代，屏风使用日趋普及，多有三扇折叠式屏风，扇数最多者"屏风十二牒"。它们无需底座，巧活实用，陈设和遮蔽作用兼备。而独扇屏风体重形大，以厚大底座和立木支撑，陈设意义又大于遮蔽之效。

两宋的独扇屏风可见于白沙宋墓壁画中《对座图》男女主人身后。而在大量宋画中，它更屡屡可见，如南宋佚名《梧荫清暇图》，不一而足。

屏风有美化空间之意，但社会象征意义远大于美化之趣。它高大、宽阔、华美，无一不显示主人的身份和富有，是主人社会地位的体现。

在明清绘画中，"当屏而立"，换成了"当屏而坐"，明代杜堇《玩

1　林沄：《说王》，《考古》1965 年第 6 期。

古图》（图542）中显示了的大屏风和桌、案、椅形态。法国吉美博物馆藏清代郎世宁《哈萨克贡马图》中乾隆皇帝座椅后均有屏风陈设。从实物看，故宫博物院中，各种宝座后的屏风再现着当年皇权的威仪。

明式家具中屏风传世实物显示，高大独扇的硬木屏风生产量很少，遗存屈指可数，体量也远不如宋画中屏风来得高大威猛。将传统屏风的扬厉和铺张气派继承下来的是多扇大围屏。

大型多扇围屏代表硬木屏风的新趋向，实物中，以清早期制造为主流，多数为十二扇。高大者，高度多为3米有余，十余扇连体排开，就是广厦高厅中的一面墙，堂堂皇皇，尽显富贵。其屏心上多裱纸绢，上书寿序等文字，用于敬贺尊长寿辰。

大围屏的至尊代表是紫檀云龙寿字纹大围屏（见图545），为康熙帝六十岁大寿时其子其孙两代人各自贡奉的大礼，各十六扇，总共三十二扇。

《红楼梦》七十一回写到，贾母过八十大寿，贾母问这几天人家送礼来的共有几家有围屏？凤姐儿道：

> 共有十六家有围屏，十二架大的，四架小的炕屏，内中只有江南甄家一架大屏十二扇，大红缎子缂丝"满床笏"；一面是泥金"百寿图"的，是头等的。[1]

可见富贵人家长者大寿时，对屏风礼品的看重。

大型屏风一路走来，代表着权势、财富、社会地位，由于它的价值符号十分明确，炫耀性强烈，当时的需求数量和产量较大，实物遗存也颇多。

在大围屏上，表现出一种矛盾的逻辑，就是这种高档奢侈品的生产中，似乎出现行活化的倾向。在大型围屏的装心板上，常常透雕螭龙纹或螭凤纹，但多见雕饰不工的构件，打磨不精，而且图案基本雷同。这与器物的大体量、高价值形成反差。此等情况，我们在众多的镜台透雕装板上也可见到，令人玩味。

1　清曹雪芹：《红楼梦》第七十一回，人民文学出版社，1982年。

图 42
明 杜堇
《玩古图》中的大座屏

在明嘉靖年严嵩抄家账目《天水冰山录》中，记录了严嵩府中多达 8486 件家具，其中有：

大理石大屏风二十座、大理石中屏风十七座、大理石小屏风十九座、灵璧石屏风八座、白石素漆屏风五座、祁阳石屏风五座、倭金彩画大屏风一座、倭金彩画小屏风一座、倭金银片大围屏二架、倭金银片小围屏三架、彩漆围屏四架、描金山水围屏三架、墨漆贴金围屏二架、羊皮颜色大围屏二架、羊皮中围屏三架、羊皮小围屏三架、倭金描蝴蝶围屏五架、倭金描花草围屏二架、泥金松竹梅围屏二架、泥金山水围屏一架。以上屏风围屏共一百零八座架。[1]

还有大理石螺钿雕漆"床共十七张"。这里带大理石的屏风作为贵重家具在书中特别列出。

明末文献对大理石的记载也日益丰富，明末文人杨升庵、李日华、陈继儒等人诗文中对大理石也多有赞誉。崇祯年徐霞客到云南大理后，著文称大理石：

块块皆奇，俱绝妙著色山水，危峰断壑，飞瀑随云，雪崖映水，层叠远近。笔笔灵异，云皆能活，山如有声，不特五色灿然而已……故知造物之愈出愈奇，从此丹青一家皆为俗笔，而画苑可废矣。[2]

上海市出土的明万历朱守诚墓中已见嵌大理石板的插屏。但从其他实物看，清早期以前，大理石板使用于大型明式家具之上还是极其个别的现象。

大理石板广泛装饰于包括桌、几、屏风、罗汉床在内的各类硬木家具上，清早期以后才逐渐增多，清中期以后颇为普及。清晚期至民国，大理石插屏大为流行，在各种红木家具上均有使用，成为强烈的装饰风尚。同时，大理石板上还加以题刻。大理石普及的原因可能是由于其烟云变灭的山水纹颇富画境，更加受人青睐。加之经济进一步发展后，开采、运输能力逐渐提高，供应量加大。

插屏上的纹饰最敏锐地反映着时代的更替，同时也有强烈的传承。如清代黄易"云锁秋山秋色新"款识的红木螭尾纹插屏（图 543）。其上牙板、绦环板、站牙（图 543-1）上的纹饰形似卷珠，绚丽花哨，实为螭尾纹穿越了清中期之后的变迁形态，只是更为线条化和几何图案化。但其线条尾端依然左右分卷，一如螭龙之尾，含义亦相同。抱鼓纹演变为圆珠纹。

---

1 （明）佚名：《天水冰山录》，神州国光社，1936 年。
2 （明）徐霞客：《徐霞客游记》"滇游日记二十七"，上海古籍出版社，1982 年。

图 543-1　红木螭尾纹插屏的站牙

图 543　清晚期　红木螭尾纹插屏

长 50 厘米　宽 23.5 厘米　高 68.5 厘米

（北京私人藏）

三、围屏式

围屏多为十二扇一组，偶有其他数字的，也有隔扇门式的。多扇大围屏存世数量较多，大多数实物上透雕螭龙纹。

1. 黄花梨螭龙纹隔扇门

黄花梨螭龙纹隔扇门有四扇（图544）每扇为五抹四段，眉板上变体壸门开光中，浮雕相对的变体螭尾纹。屏心为圆材攒接套方纹。腰板上浮雕左右对称的拐子螭龙纹。

裙板上的拐子式螭龙纹构图充满整个裙板的长方空间，发挥了拐子螭龙纹可方可圆的能力。这些纹样无不表明围屏的年代之晚。而其多个横枨上的梯形格肩榫，则从另一个侧面说明这一点。背面图案与正面相同。

图544 清中期 黄花梨螭龙纹隔扇门
通长160厘米 高221厘米
（苏富比纽约拍卖有限公司，2011年3月）

2. 紫檀云龙寿字纹大围屏

紫檀云龙寿字纹大围屏（图545）是明式家具大围屏中的极致代表。它是明式家具顶峰之作，也是清式家具的发轫。它制作完成于康熙五十二年（1713年），本书以此物为界石，将此年作为清早期与清早中期的分界年。

图 545 清康熙 紫檀云龙寿字纹大围屏

高 356 厘米 宽 4.5 厘米 长 70.5 厘米（每扇）

（故宫博物院藏）

屏风形体宽大，为明式家具中屏风中尺寸最大者。共十六扇，各扇为四抹三段，其上段眉板中间透雕正龙纹，头顶铜质团寿字，四周嵌8个铜质团寿字。中段屏心裱绢地书法作品，每屏由一位皇子题写祝寿诗句。四周嵌18个铜质团寿字。裙板中间雕有云龙纹和美术体香炉形寿字。四周有8个铜团寿字，并绘蝙蝠流云纹。围屏背面屏心绢地上共绣有万个寿字。

此外，还有另一套围屏与此套围屏形态完全一致，为康熙帝三十二个皇孙的进贡献礼。屏心上也题写贺寿诗。

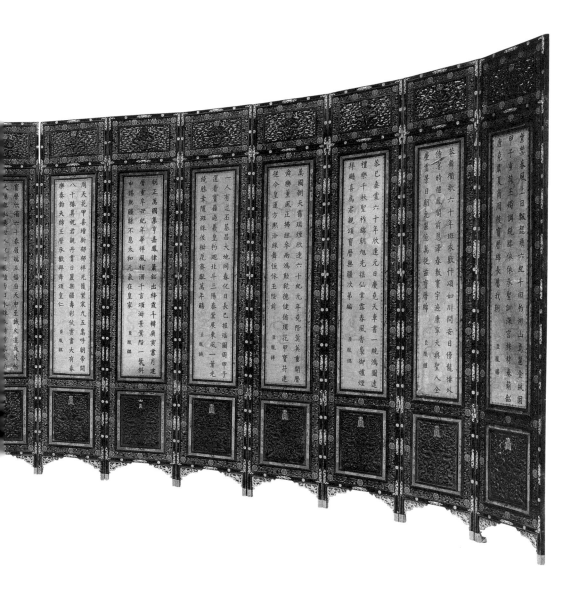

3. 黄花梨平安寿字纹大围屏

黄花梨平安寿字纹大围屏（图546）共十二扇，每扇五抹。眉板中有三种开光式样，即螭龙圆形纹开光、螭龙扇形纹开光、螭龙花叶纹开光，各占四扇。

腰板上的纹饰共有两种，各占六扇，其一是麒麟纹两旁配螭龙纹（图546-1），下有山石和灵芝纹，其构图和用意大有可考之处，表明祈子、教子相关的含义。其二是走兽式纹两旁配螭龙纹，亦有山石灵芝纹。裙板上雕多个大小螭龙，中间为螭龙体寿字，螭龙纹雕刻得曲线婉转，写意性强。

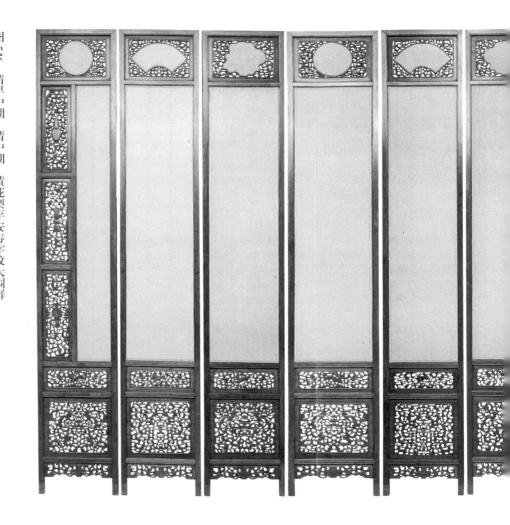

图546　清早中期－清中期　黄花梨平安寿字纹大围屏

通长684厘米　宽4厘米　高320厘米

（北京元亨利艺术馆藏）

左右两端屏风上各有竖向绦环板三块，各雕不同之花瓶纹，取太平之意，其四周依然饰螭龙纹。其与眉板上的扇面形开光、花叶形开光一起尤可说明其年代，诸如花瓶纹、扇形开光均接近清中期。四条横抹均为梯形格肩榫，也是年代的证明。

图 546-1　黄花梨大围屏
腰板上的麒麟螭龙纹

4. 黄花梨百宝嵌围屏

黄花梨百宝嵌围屏（图547、图547-1）共十二扇。中间十扇，每扇各五抹，从上至下分为眉板、屏心、腰板、裙板。

正面腰板上各透雕螭龙纹，形态严重草叶化，螭龙纹中间为海棠形开光，上有百宝嵌，图案为罗汉像。屏心一面为水墨八仙人物图，另一面为金笺墨题贺词。书法、绘画可能与围屏同期制作，

图 547　清中期
黄花梨百宝嵌围屏（正面之六扇）

每扇长 43.8 厘米　宽 3 厘米　高 175 厘米
（北京保利国际拍卖有限公司，2017 年秋季）

但更大可能是晚于围屏制作，后补入屏心的。屏风背面腰板上为博古图。左右外侧屏风的三格绦环板上，螭龙纹身尾方折，为拐子螭龙纹，中间开光中亦饰百宝嵌。

　　心板实地开光中嵌百宝图、人物像，其整个形态已不同清早期之作。

图547-1　黄花梨百宝嵌围屏（背面之六扇）

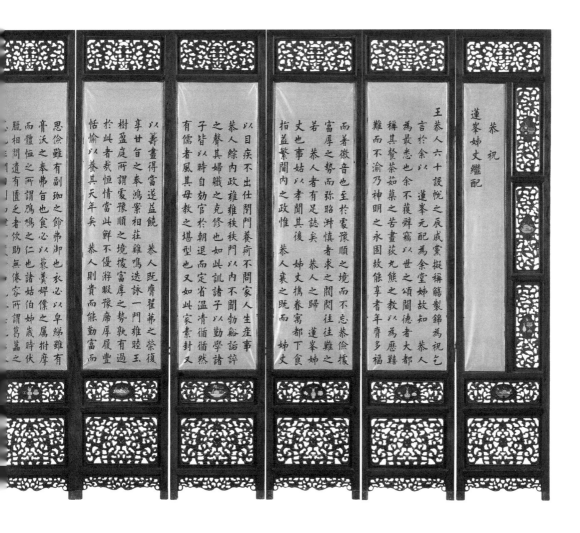

第十章 架类

架类家具大多使用于卧室。卧室家具在明式家具中具有特殊性，婚嫁时多购用之。其形态上，突出婚嫁中的热闹喜庆气氛，同时具有炫示财富之义。随着雕饰工艺的发生发展，它日趋华美、竞尚奢丽。

此类包括镜架、镜台、盆架、衣架、洗脸盆架，就是如此，器侈而炫示，它们绝少素穆，多呈绮美之态，风格秾丽煊赫。

一、镜架镜台式

黄花梨镜架、镜台，大致可以分为四型：折叠镜架型、折叠镜柜型、官皮箱式镜台型、屏风式和宝座式镜台型。其完全光素的遗物极罕见，绝大部分都有所雕饰，尤其是屏风式和宝座式镜台雕饰更为繁复，也毫无例外全部为清早期及其后制作。

（一）折叠镜架型

折叠镜架又称拍子式镜架，框架攒接，可支起使用，又可折叠收贮。应为最简洁的支撑铜镜用具。其搭脑出头或雕螭龙头，或雕灵芝纹等。折叠式镜架应出现最早，明嘉靖年，严嵩家的查抄清单《天水冰山录》中记有若干"花梨"镜架史料："牙盖花梨镜架一个""牙镶花梨木镜架一个"等，表明在嘉靖年间，黄花梨镜架已经有一定的使用量。它在明清各个时期均有制作，但早期的实物至今不曾见到，遗存只可见清早期及其后作品。

1. 黄花梨螭龙头纹镜架

黄花梨螭龙头纹镜架（图548）为拍子折叠式，托板用时可支起承铜镜，不用时可放平，便于携带和收纳放置。

托板攒接成框，框中共有九个小框，正中方框中，上有一绦环板，开卯眼以纳支架榫头，下有亮脚，与上呼应。托板底框中间突出，作为底托，以支铜镜。

此类托板中心都是空透的，以便系在镜钮后面上的丝绦由此垂到托板后面。托板与支架下端皆两边出头，可纳入底座臼窝，能旋转支起托板和支架或平放于底座之内。搭脑两端出头雕含球回首螭龙头纹（图548-1）。

图 548-1 黄花梨镜架
搭脑出头上的螭龙头纹

图 548 清早期 黄花梨螭龙头纹镜架

长 44.5 厘米 宽 37 厘米 高 39 厘米

（香港两依藏博物馆藏）

2.黄花梨变体灵芝纹镜架

黄花梨变体灵芝纹镜架（图549）为拍子折叠式，托板攒框，分界成三层九格。下边框中间突出，做成托子，以支架铜镜。搭脑两端出头雕变体灵芝纹。

这种变体灵芝纹镜架在黄花梨镜架中有一定的遗存。甚至在清末民国时的红木镜架中，也广泛使用，流传久远。

图549 清早期 黄花梨变体灵芝纹镜架

长36厘米 宽40厘米 高41厘米

（选自潘宝林：《古木神韵——古木斋珍藏明清家具》，人民美术出版社）

3. 黄花梨灵芝梅花纹镜架

黄花梨灵芝梅花纹镜架（图 550）为拍子折叠式，托板攒框而成，分界为三层七格：第一层为四叶花纹，多见于硬木、柴木家具上，寓意尚不可遽读。第二层中格为优美的海棠形圈口，其左右两格雕梅花纹，是喜鹊登梅纹的简化。第三层中间一格上安可移动荷叶纹托子，以托铜镜，左右两格雕灵芝纹（图 550-1）。搭脑左右出头上雕回首螭龙头纹。

此镜架呈现一个纹饰系列：梅花纹、螭龙纹、灵芝纹。它们是一套家庭观念的表达。

在所有的折叠式镜架中，此架最为优美者。

图 550-1 黄花梨镜架上的灵芝纹

图 550 清早期 黄花梨灵芝梅花纹镜架

长 41 厘米　宽 42 厘米　高 38 厘米

（选自中国国家博物馆：《大美木艺——中国明清家具珍品》，北京时代华文书局）

各种灵芝纹屡屡见于各类黄花梨家具之上，遗物颇多，并延续到清晚期、民国的红木家具上，成为这一时期红木家具的主流纹饰。这种程式化的灵芝图案大规模地使用绝非无缘无故，一定有其专有的、社会的、文化的含义。而非泛泛的"吉祥"寓意。

　　灵芝纹出现和使用远早于明式家具，明式家具在出现图案雕刻后，吸收了这种纹饰。由于它逐渐地与螭凤纹结合在一起，笔者有一个不成熟的推测：灵芝纹有时为螭凤纹简化体、表现体。根据是一些明确的螭凤纹面部上有灵芝纹样。螭凤纹头上两个大大的圆珠纹成为认定灵芝纹与螭凤纹两者关系的明确符号。实例上，有的是端倪初现，有的是特征明显。如黄花梨螭凤纹条案上的螭凤纹牙头（图551、图552）。由此可见灵芝纹的意象变化。在榉木家具中，也可见灵芝头的螭龙纹。[1]时光流逝，至清早期，灵芝纹又独立成形，灵活应用于各种类家具上，分别有独立的灵芝纹、螭龙衔灵芝纹、山石灵芝纹等。

图551　清早期　黄花梨条案上的螭凤纹牙头

（美国加州中国古典家具博物馆：《中国古典家具学会会刊》，1992 年 1 月）

图552　清早期　黄花梨条案上的螭凤纹牙头

（故宫博物院藏）

1　周峻巍：《明式榉木家具》页 243，浙江人民美术出版社，2018 年。

在清中期紫檀家具上，灵芝纹一直沿袭，如紫檀灵芝纹条桌（图 553、图 553-1）、紫檀灵芝纹方凳（图 554），其铺天盖地的灵芝纹装饰应有强烈的寓意，其针对性，有如百寿字对应于祝寿。

清末民国，红木家具上灵芝纹大盛，成为最主流的纹饰。如红木灵芝纹太师椅（图 555），灵芝纹布满全身，夸张炫目。其足一概为立体螭龙头纹，行业内称为"鳌鱼头纹"，仍是苍龙教子之意。同时期广为制作的红木架子床上，多透雕葫芦万代纹，是明确的求子符号。在紫檀和红木家具上，也有几乎是满雕的梅花纹，寓意为喜上眉梢，为婚庆纹饰。灵芝纹侧身其中，也是同系列纹饰中的一员。

如果灵芝纹仅是一种抽象的吉祥纹饰，不可能那么强大地雄踞于红木家具之上，整个清末民国的八仙桌、太师椅、翘头案等家具上，灵芝纹几乎无所不在，它一定有具体的与生活密切相关的寓意。

灵芝纹应是早于明式家具便存在了，后被明式家具吸收，又重新认同，致使此纹长盛不衰使用于明清家具之上。

图 553　清中期　紫檀灵芝纹条桌

长 180 厘米　宽 74.4 厘米　高 84 厘米

（故宫博物院藏）

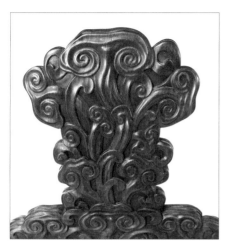

图 553-1　紫檀条桌挡板上的灵芝纹

图 554　清中期　紫檀灵芝纹方凳

长 33.5 厘米　宽 33.5 厘米　高 47.5 厘米

（故宫博物院藏）

图 555　清末民国　红木灵芝纹太师椅

长 58 厘米　宽 50 厘米　高 110 厘米

（选自濮安国：《中国红木家具》，故宫出版社）

（二）折叠镜柜型

1. 黄花梨折叠镜柜

黄花梨折叠镜柜（图 556）柜上为平屉，可安置折叠托板，以承放铜镜。使用时支起，用罢平放台座上。下为柜式台座，有三具抽屉。形态上为拍子式镜架的发展型。

托板攒框，中间格内安角牙成菱形纹，下设荷叶式托子，可上下移动。其四周攒大小框中，装板落堂，透雕螭龙纹。

本镜台稍嫌料薄工草，此类镜台至今存世尚多，最为典型地表明，清早期这类大量使用的、流通性强的黄花梨家具一定程度上存在商品行活化现象。

图 556　清早期　黄花梨折叠镜柜

长 40.5 厘米　宽 40.5 厘米　高 51.5 厘米

（苏富比伦敦拍卖有限公司，1997 年 11 月）

2. 黄花梨梅花纹镜柜

黄花梨梅花纹镜柜（图557）托板攒框，共三层八格，四周各格绦环板上雕梅花纹，为喜上眉梢之义。中层中间空格中四角安角牙，成四合如意纹，下层中间置活动式荷叶形托子，以托铜镜。

下为柜式台座，有柜门，上雕梅花纹，与托板上纹饰相同。其下牙板雕螭尾纹，边缘起线，连通三弯腿，它的满雕纹饰和三弯腿造型使之超越同侪。

图 557　清早期　黄花梨梅花纹镜柜

长 41.5 厘米　宽 41.5 厘米　高 28 厘米

（选自《风华再现——明清家具特展》）

（三）官皮箱镜台型

1. 黄花梨官皮箱式镜台

黄花梨官皮箱式镜台（图558）为官皮箱式，打开箱盖，可支起托板。托板分三层七格，中格内四角置角牙，成菱形花纹。四周各格绦环板上分别雕梅花纹、灵芝纹（图558-1、图558-2）等纹饰，它们一次一次地组合表达着当时共同认同的文化观念。

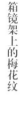

图588-1　黄花梨官皮箱镜架上的梅花纹

图558-2　黄花梨官皮箱镜架上的灵芝纹

图558　清早期　黄花梨官皮箱式镜台

长28.6厘米　宽24.6厘米　高32.8厘米

（北京保利国际拍卖有限公司，2011年春季）

大漆柴木镜架、镜台的出现、发展自然早于明式家具，其不同式样的初始出现代表着不同的发展阶段的开始：

1.拍子式折叠镜架以纵横木条攒接成框架式，以承铜镜，最具纯粹的功能性。

2.镜柜式折叠镜架，上部攒木为框，嵌绦环板，为铜镜之架。下部为带抽屉、柜门的小柜。它是由单纯折叠式镜架发展而来。

3.官皮箱式镜台，官皮箱上屉放镜架，可支可合。在折叠式镜柜基础上，增加箱盖与双门，便成为官皮箱式镜台。

4.当人们不满足以上折叠式镜架观赏面的"小气"时，高端上档次的屏风式镜台和宝座式镜台便应运而生了。

屏风式镜台和宝座式镜台将装饰性的小座屏固定在台座上。

屏风式镜台一般形式为五屏风列于台座后端之上，四周有围栏，中屏风前有托板。而宝座式镜台的形式，一是围子列于台座后方和两侧。二是在上述形制上，前置左右围子或角牙。

对于安置铜镜的家具而言来讲，前三型器物是实用形态的，而屏风式和宝座式镜台则是社会性形态的。

在明万历（崇祯）《鲁班经匠家镜》版画插图中（图559）已见宝座式镜台，为攒接宝座式。可见当时已有此类镜台。在这类有镜台、镜架的图像上，往往其下是"嫁底"闷户橱，它们是功能明确的梳妆用具和陪嫁用具。

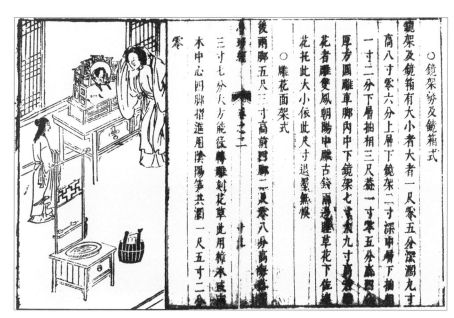

图 559 明万历（崇祯）《鲁班经匠家镜》插图中的宝座式镜台

2. 黄花梨盝顶官皮箱

黄花梨盝顶官皮箱（图560）特点：一是盝顶式样，二是箱门的雕刻图案突出于平镶门板上，委角长方形开光的上下端为卷草形螭尾纹上衍生出的花朵纹。开光中雕螭龙体寿字纹。寿字上方为三个螭尾纹局部，状如云纹。整个图案充满抽象、变异的艺术处理，图案表现性极强，为黄花梨官皮箱中的孤例。

官皮箱盖打开后，平屉上为折叠式镜架（图560-1）。镜架框架攒接，可支起使用，又可折叠收贮。

盝顶为中国古代建筑的一种屋顶样式，有斜上的四角正脊围成为平顶。明式家具借用其名，将顶部有四个正脊围成为平顶的官皮箱称为盝顶官皮箱，也俗称尖顶官皮箱、馒头顶官皮箱。盝顶官皮箱存世量远少于平顶者。其在审美上、市场评估上，它也高于平顶官皮箱。

对于官皮箱用途，许多人认为是官家器具，言其盛放官印、文件，又便于官员外出携带等等。这是一种望文生义的解读。

官皮箱与"官"无关，也少见皮质的，大多为木质或大漆制品。其名来源可能误用了元代一种皮制箱子。王世襄指出：

图 **560** 清早中期 黄花梨盝顶官皮箱

长 34.5 厘米 宽 30.5 厘米 高 37 厘米

（香港两依藏博物馆藏）

图 560-1　黄花梨官皮箱平屉上的折叠式镜架

图 561　明万历　《倩女幽魂》插图中的官皮箱

由于"官皮"二字费解，前人对它的用途说法不一。再加上明代宫廷有漆木制者，采用考究的髹饰做法，如剔红、雕填、百宝嵌等，造型大同小异，有的只有抽屉，不设平屉，似乎只宜存放小件文玩及图章等，故使人困惑，未能断定其用途。不过传世实物既如此之多，只能是家庭用具而不像是官方衙署中物。其花纹雕饰又多为吉祥图案，且往往与婚嫁有关，如喜上梅梢、麒麟送子等，故可信为陪嫁妆奁，乃妇女用具。盖下平屉适宜存放铜镜、油缸、粉盒等，下面抽屉可放梳篦、簪、钗等。[1]

从官皮箱的结构、装饰图案、形制沿革看，它是梳妆台和梳妆箱功能合一的女性化妆箱。下部箱门内，置大小不一的抽屉，可以放置女性的梳妆用品。

在明万历小说《倩女幽魂》版画插图中，可见官皮箱（图 561）与铜镜、镜架同在条桌之上，说明官皮箱与梳妆用具相关。在当时的图书插图中，此类图像极多。

1　王世襄：《谈几种明代家具的形成》，《收藏家》1996 年第 2 期。

（四）屏风式和宝座式镜台型

镜台中，一类是五屏风列于箱体上后端，如座屏，称为屏风式镜台。另一类是箱体上后面、两侧均有围子，如宝座上体，称为宝座式镜台。

镜台有的有柜门，有的没有柜门。

1. 黄花梨"欢天喜地"纹镜台

黄花梨"欢天喜地"纹镜台（图562）五围子屏风分列于台座后方和两侧，为宝座式镜台，后面正中围子上段透雕欢天喜地纹，猪獾面朝天，喜鹊头朝地，取音意，意为欢天喜地。其间有灵芝纹（图562-1）。两侧屏风为梅花纹，意为喜鹊登梅、喜上眉梢。前围子为麒麟纹，意为祈子。腿足间牙板雕螭龙纹，各屏风搭脑和扶手出头为螭龙头纹。

图562 清早期 黄花梨『欢天喜地』纹镜台

长50厘米 宽30厘米 高61.8厘米

（中贸圣佳国际拍卖有限公司，2015年秋季）

此镜台包括梅花纹、麒麟纹、螭龙纹和灵芝纹。

家有婚庆喜事，绘制喜鹊图案志喜，是中国人约定俗成的习俗，这是谐音取意文化的突出代表。流传最广的是喜鹊登梅之报喜图，又以"梅"谐音"眉"，又叫"喜上眉梢"。而一只獾和一只鹊在树上树下对望图案，又叫"欢天喜地"。以"獾"谐"欢"音。獾，又名"猪獾"，为哺乳动物。另外还有画喜鹊仰望太阳的图案，称为"日日见喜"，这些都是庆祝婚喜风俗中最直观、最常用的图案。

在明式家具中，各个屏风式和宝座式镜台体量绝对值上不算大，但仅仅是作为梳妆台和梳妆箱功能合一的女性化妆用具，从功能角度看，它的相对体量又超越了所有其他类别家具。此类镜台常常左右长达五六十厘米，高为 70 至 90 多厘米。对于作为主角的一饼铜镜来讲，镜台的尺寸和尺度已经是超乎寻常的高大。

异常注重自身的大体量、观瞻性、形式审美和美好寓意，观赏面极端加大，这些成为此类器物的强大特点。它形式大于内容，观瞻强于实用，审美多于功能。明式家具中的所谓适中合度的法则在此被彻底颠覆。这是为何？

在明式家具中，各式各样的镜架、镜台基本是嫁妆。嫁妆是女子出嫁时，从娘家陪嫁到婆家的财物。妆奁主人的社会阶层、富有程度，决定了妆奁制作的繁复和华美程度。陪嫁家具的精致绮丽与否，与当事妇女家的生活水平紧密相关。陪嫁品质的高低又象征着女方家的社会地位和经济地位。如此，一座镜台也是一个竞赛场。在当时，高门大户陪嫁一个华美的黄花梨镜台似乎就像今天富有人家女儿出嫁时陪送一台豪车一样风光。

在这种社会生活的逻辑下，观察座屏式镜台和宝座式镜台的结构、装饰，就会理解其制作的奢华和放纵。

明式家具有十分注重实用性之器，但也有形式感强大而又艺术性极高者。对后者如果没有合乎生活逻辑的解读，一切貌似"高大上"的说法都难以落地，"悟道""观道"一类的玄虚之语。更难以解读像镜台、架子床这类富丽绚烂风格的家具。

清代徐珂的《清稗类钞》是清代掌故轶闻的汇编，其中记载康熙年间，江西崇仁的贾家、谢家同日娶媳妇。

两家香车遇于陌上，时大雪，几不辨途径，车各饰彩绘，覆以油幕，积雪封之一二寸，行二三里，同憩于野亭。[1]

她们分手时，分别上错车，致使一家的紫檀镜架等奁具被另一家新娘带走，未陪嫁镜台的新娘到了"夫家"后，看到紫檀镜架等妆奁，又问过新郎姓氏，知道有误，但"心艳其富""姑冒昧以从之"。而另一家新娘明白差错后，哭天喊地，不依不饶。

康熙时期的紫檀镜架——陪嫁——富有，这些要素令人联想到明式家具中各式各样的镜架、镜台实物。可以说，这类家具为富有家庭的嫁妆，它们典型地代表了婚嫁家具诸方面特征。从装饰看，镜台上的图案基本包括在五大类图案之中：

一是庆贺新喜的"喜鹊登梅"或梅花纹。

二是寓意夫妇合美的鸾凤呈祥、龙凤呈祥、鸳鸯戏水纹。

三是代表着祈子求嗣的愿望的麒麟（送子、葫芦）纹和"榴开见子"的石榴纹。

四是代表着教子和读书科考寓意的子母螭龙纹。鱼化龙纹等则是表达子母螭龙纹愿景的纹饰。

五是代表女性（嫁妆）标志的凤纹、螭凤纹以及推测为凤纹的表现体——灵芝纹。

这是一套男女新婚、新家庭成立时的图案系统，自成一体。梳妆用具是明清嫁女陪送的必备，镜架和镜台的使用居其首位。

从结构上看，明式家具镜台的许多小抽屉是用于放置胭脂、香粉、油缸、粉盒，以及梳子、簪、钗等用具。至于官皮箱、提盒上的小抽屉功用也是如此。明式家具中，柜门里排列大小不同的抽屉者功能概为此类。

---

1 （清）徐珂：《清稗类钞》页 2045，中华书局，2010 年。

图 563-1　黄花梨镜台
正面屏风上的鸾凤纹

2. 黄花梨鸾凤纹镜台

黄花梨鸾凤纹镜台（图 563）正面和侧面五屏风加左右前围子为七屏宝座式。正面正中间屏风雕鸾凤纹（图 563-1），一雄一雌，一动一静，顾盼有情。鸾凤纹一侧亦雕灵芝纹。两旁屏风上雕喜鹊纹，前围子雕大小螭龙纹。整个作品雕刻生动精致，画面有锦绣繁华之妙。

喜鹊登枝图、鸾凤呈祥图与苍龙教子图组合，表明婚庆时对夫妇美好生活、教子成才的祝愿。这是常规性、程式化的观念表达图案。搭脑、扶手的出头均圆雕螭龙头纹。

图 563　清早期　黄花梨鸾凤纹镜台
长 66 厘米　宽 38 厘米　高 66 厘米
（中贸圣佳国际拍卖有限公司，2016 年秋季）

3. 黄花梨麒麟送子纹镜台

黄花梨麒麟送子纹镜台（图564）正中主屏风上雕麒麟送子图，两侧屏风上雕凤纹。前围栏板上雕螭龙纹，与搭脑、扶手上的螭龙头纹相呼应。前围子柱头上雕蹲式狮子纹，这是新出现的纹饰。宝座式围屏四周又围以围栏。

清早期后，螭龙纹、螭凤纹以外，麒麟纹是重要的装饰图案。在许多明式家具上，可以见到雕有麒麟纹、麒麟送子纹、麒麟葫芦纹、麒麟吐书纹等，表达祈愿新婚新人早生贵子、家庭人丁兴旺。

在历史上，麒麟纹固然有多种含义，但在清早期家具纹饰图案中，它专指明确，是早生贵子、子嗣繁盛的象征。婚姻中强大求嗣心愿是这种纹饰深厚的社会心理基础。麒麟葫芦、麒麟玉书、麒麟送子纹饰的意义最直接明确，单纯的麒麟纹则是它们简化后的符号。

这些图案都透露了别样的玄机，那就是雕有这些图案的家具为婚嫁家具，祈子与婚礼活动紧密相连。

图 564　清早中期　黄花梨麒麟送子纹镜台

长 62.8 厘米　宽 38.1 厘米　高 91.4 厘米

（选自安思远：《夏威夷收藏中国硬木家具》，美国檀香山艺术学院）

4. 黄花梨螭龙纹镜台

黄花梨螭龙纹镜台（图565）五屏风列于柜体后侧，为屏风式。整体纹饰上突出螭龙纹，五屏风上，各分上、中、下三段，上段均雕一对子母螭龙纹，中段均雕多个大小不一的螭龙纹。前围栏左中右三栏绦环板上，亦雕螭龙纹。围栏柱头上雕蹲式狮子纹。柜体有柜门。相对其他镜台，此作格外重视对苍龙教子寓意的表达。整个图案充满拐子化形态。

图565　清早中期　黄花梨螭龙纹镜台
长 62.2 厘米　宽 38.1 厘米　高 81.5 厘米
（苏富比纽约拍卖有限公司，1992年）

5. 黄花梨鱼化龙纹镜台

黄花梨鱼化龙纹镜台（图566）为宝座式镜台，左右两围子内侧有螭龙灵芝纹角牙。

在镜台正面围子中，上段雕鸾凤纹，寓意为女性嫁妆。中段分左、中、右三格，其中格绦环板上雕鱼化龙纹，龙在上方，鲤鱼在底下水波中，两者间有龙门相隔。左右两格分别雕喜鹊登梅纹。下段雕大小螭龙纹，寓意教子成才。

搭脑、扶手出头上圆雕回首螭龙头纹。与螭龙纹相关的纹饰均有教子成才、教子冲天之意。鱼化龙纹或称鲤鱼跳龙门纹表达读书有成、科举中第的心愿。螭龙纹与鲤鱼跳龙门纹的含义是相连的，表达了递进的愿望。

以上一系列的纹饰是婚庆用品上常规性、程式化的纹饰组合。此器诸纹寓意明确。以其观照各类明式家具上的螭龙纹，可以说，螭龙纹是婚庆用具上最常见的图案。

图 566　清早中期　黄花梨鱼化龙纹镜台
长 58.6 厘米　宽 33 厘米　高 86.4 厘米
（苏富比纽约拍卖有限公司，2009 年 1 月）

图 567-1　黄花梨云龙纹
镜台背板上的莲花莲子纹

6. 黄花梨云龙纹镜台

黄花梨云龙纹镜台（图 567）为宝座式镜台，后背板左右雕刻一对海水云龙纹，龙首间为火珠纹。在清早中期，云龙纹出现于明式家具上，有时，这种形象取代螭龙纹，但其大小云龙纹仍保留着苍龙教子之寓意。

背板中间雕莲花莲子纹（图 567-1），取连生贵子之意。这些都与镜台的嫁妆功能完全吻合。另外的两个小抽屉面板上雕刻梅花纹，寓意与喜鹊登梅同义，为其形式的简化。扶手出头雕回首小螭龙头纹。镜台下部的人抽屉面上雕一对小螭龙纹。这些仍然保留了子母螭龙纹的含义。

图 567　清早中期　黄花梨云龙纹镜台
长 39 厘米　宽 22 厘米　高 48 厘米
（香港两依藏博物馆藏）

7. 黄花梨福寿字螭龙纹镜台

黄花梨福寿字螭龙纹镜台（图 568）上，五扇屏风绦环板中，均透雕子母螭龙纹。正中间一扇屏风上，大小不一的螭龙中雕有福字纹和寿字纹，其四周由多只大小螭龙拱围。螭龙纹线条飞动流畅，虚实相宜。在家具的子母螭龙纹体系中，加入"福"或"寿"字符号，年份相对偏晚，为清早中期。

搭脑两端为回首螭龙头，其中央纹样一般称为"宝珠纹"或"火珠纹"，其中间刻汉字"日"字，令人寻味。在明清时期其他的工艺品上，有日字与喜鹊登梅纹的组合，为日日见喜之意。此镜台上日字也可以从"每日"角度理解。这个构件凭空而立，引发向上的视觉效果。

图 568　清早中期　黄花梨福寿字螭龙纹镜台

长 55.9 厘米　宽 30.5 厘米　高 70 厘米

（选自《中国古典木质家具》）

在明式家具中，镜架、镜台发展得异彩纷呈、绚丽斑斓。然而回顾从前，令人惊异的是这个强大的生活用器早已有了深厚的历史积淀。在宋代，已有十字架式、井字式、交杌式镜架。从河南省禹县白沙北宋墓中，可见简单的屏风式镜台。[1]

在南宋王诜所画《半闲秋兴图》（《绣栊晓镜图》，图 569）中，器用摆设，一派豪华，表现的无疑是富贵之家。传其描绘的是南宋权相贾似道府内的景致。女仕前的镜台上部，后靠背中央有竖柱，搭脑两端出头，扶手亦出头，各个出头均有花叶形装饰。架下部如椅子下身，四足下有托泥，后腿足有抱鼓式站牙。

苏州元代张士诚母亲曹氏墓出土的纯银镜架[2]为元末"吴王"张士诚为其母曹太妃打制。其式样为折合式，结构略似交杌。其錾花装饰，繁复秾丽，图案有团龙纹、鸾凤牡丹纹、如意纹、流云葵花纹。

在明代万历（崇祯）午荣编《鲁班经匠家镜》插图（见图 559）中的镜台，已呈宝座式，尤令人关注。

从宋人《半闲秋兴图》到元代纯银镜架，再到明代《鲁班经匠家镜》插图中的镜台，再到清早期大量明式家具实物中的"屏风式""宝座式"镜台，宽大华美的镜台昭示着自古以来的一个事实：

1. 在卧室家具中，以镜台为代表，"形式大于内容、装饰大于实用"的器物特点十分强大，近乎夸张。闺阁之物关注实际功用，更异常关注自身观瞻性和形式审美。赏心悦目、繁华热闹为其审美诉求。所以明末文震亨亦云："一涉绚丽，便入闺阁之中"，反向说出个道理。

2. 此类家具最集中地、典型地表现出社会性含义，象征家庭权力和富有，昭示主人的社会地位。

此类家具为婚嫁时置办，大多为嫁妆。古代婚嫁从来都不是一种单纯的男女成家行为，越上层家族越附加更多的社会内涵，聘礼、嫁妆和婚礼都是男女双方家庭社会地位和财富的形象展示，卧室家具实用之外，还是表现性道具。物质性外，精神性表现得更为强大，带有重要的象征意义。

一方面，陪嫁代表着女方的家族财产和社会背景，而且作为财富和社会地位的象征，具有极大的炫耀性。另一方面，嫁妆厚薄优劣关系着女子在新家庭中的话语权和地位。

3. 由于卧室家具与人类的亲近性和它的社会意义，它在装饰工艺的改进上，总是面对更多的挑战，制作者须不断应对。所以踵事增华成为卧室家具制作的不二法则。卧室家具最富有创新性，一直带领着形式审美冲锋向前，成为装饰革命的领头羊。

在明清家具发展中，婚嫁家具、卧室家具的造型和装饰是不断地趋华竞丽，最具有前

1　宿白：《白沙宋墓》页 41，文物出版社，1957 年。
2　郭远谓：《苏州张士诚母曹氏墓清理简报》，《考古》1965 年第 6 期。

卫性和开拓性，带动了各个时期家具的形制与雕饰的前行和突破。

　　镜台以及架子床、衣架、盆架等最集中地反映了全部明清家具的装饰乃至器型的演变趋势。其形象和变化具有全息性和象征性，隐喻了明清家具的变迁和发展，昭示观赏面法则的效力。

　　上述宋画《半闲秋兴图》的四出头式镜架、元代纯银镜架均非木制品，与木制家具不是同一文化系列，不可做类型学比较，但它们可以很好地说明一种文化现象。

图 569　南宋王诜 《半闲秋兴图》中的镜台

二、盆架式

1. 黄花梨四足火盆架

黄花梨四足火盆架（图570）形如束腰方凳，面上有铜支钉支撑火盆，壸门牙板曲线波动，两端与腿足交接处锼挖双牙纹。牙板和腿足边沿饰打洼宽皮条线，蜿蜒全身，优美异常。

腿足外侧浮雕草叶纹饰，内侧出牙状曲线。内卷球足下垫球，全腿的内侧面曲线多变，中间突起，上下凹洼，十分奇崛。腿间以十字枨支撑。

一个"方凳"被打造得如此考究而精致，亮点多多，表明了主人对"架"类的重视，也说明其年代偏晚。

图570　清早中期　黄花梨四足火盆架
长 60.5 厘米　宽 60.5 厘米　高 60.5 厘米
（中国国家博物馆『承古融今　星汉灿烂——中国嘉德艺术品拍卖20年精品回顾展』）

在嘉构纷呈的明式家具中，火盆架似乎是最无足轻重之器。在各门类家具中，它的必需性、体量等，排名应属末位。但是，今天可见到的火盆架多有器型优雅、装饰秾丽之器。

按实物存世数量比例看，整体艺术成就上，火盆架超越明式家具中的诸多大项，如桌案几、椅凳墩、柜橱、床榻等。什么原因让火盆架制作精良，个个出彩，小弟胜过老大？

1.卧室用具中多有繁复雕刻之作，如火盆架、衣架、镜架、脸盆架、闷户橱以及架子床等。繁饰之具的热闹繁华更能满足常人家庭生活中的感官享受要求，而且它们又多为女方嫁妆，带有更多的社会炫耀心理。其器物纹饰最为与时俱进，也敏感地透露着时间的变迁。火盆架虽不能说只用于卧室、只用于婚嫁，但它无疑是卧室用具、嫁妆用具中重要的构成。

明晚期至清中期，婚姻活动日趋豪奢，结婚用具的品质水涨船高，日趋华美。炫其侈丽、颇示珍奇、形态多变是它们的显著特点。这点在火盆架、衣架、脸盆架、镜台、架子床等卧室家具上以及"气死猫"碗柜等家具上都有相同的表现。

2.火盆架实际是火盆之托，所托火盆并不贵重。富贵讲究人家所用器托的陈设意义远大于使用。

3.火盆架与香几相像。香几、火盆架之类家具不受主人身体尺度的限制，式样可以无限度（但不超视觉尺度）作出夸大、对比和变化。反观桌子、椅子等，尺寸和尺度必须合乎人体的要求，而火盆架、香几则不为这种身体尺度所限制，更方便作品形成更丰富的视觉变化。火盆架没有固定的高度限制，但可大致分为高式、矮式两种。如此，它方圆随意，高低自由。四足、五足、六足者均可见到。

2. 黄花梨五足火盆架

黄花梨五足火盆架（图571）为圆形五足，架面上各嵌有五个铜支钉，支撑铜火盆，以隔热防止烧坏木架。实物中，有的火盆架铜钉铜钉丢失，但遗痕保存，仍可证其为火盆架。

架面下罗锅枨两端为双卷相抵。其下以风车纹固定五足。腿中部枨子在五足中形成圆环形。其下罗锅枨两端亦为双卷相抵。

上下罗锅枨和双卷相抵的重复使用，形成节奏感，产生独特的设计效应。

图 571　清早中期　黄花梨五足火盆架

长 48 厘米　宽 48 厘米　高 61 厘米

（选自叶承耀：《楮檀室梦旅：攻玉山房藏明式黄花梨家具 I 》）

3. 黄花梨六足火盆架

黄花梨六足火盆架（图 572）为六边形，架面上嵌有六个铜支钉。其上部置圆材方框扇活，方框内攒套方纹（图 572-1）。这种套方纹在其他家具上也曾出现，年代偏晚。

有明确纪年的套方纹绘画图像见于清雍正《雍正行乐图》（图573），但由于画中门扇与黄花梨家具非为同一文化类型，其图案相同，年代并不一定相同。然而，它可以作为理解黄花梨家具套方纹年代的参考。

图 572　清早中期　黄花梨六足火盆架

长 45.1 厘米　宽 45.1 厘米　高 54.7 厘米

（选自安思远：《洪氏藏木器百图》）

图 572-1　黄花梨火盆架上的攒接套方纹

图 573 清雍正 《雍正行乐图》中门扇上的套方纹
（故宫博物院藏）

4. 黄花梨紫檀螭龙纹火盆架

黄花梨紫檀螭龙纹火盆架（图574）大边抹头、架面、束腰为黄花梨制作，牙板、四腿为紫檀制作。

牙板中间宽大，两侧向外呈台阶状变窄，晚期明式家具演变为清式家具后，弧线形洼堂肚成为此种方折洼堂肚。牙板两侧螭龙纹拐子化，方折回字状，其上打洼。这种纹饰吸收了青铜器纹饰风格，有如青铜器上的夔龙纹，故清雍正时期的文献上称家具上的螭龙纹为夔龙纹，但它仍然是螭龙纹。双龙之间的拐子纹叠成塔状。三弯腿粗壮，饰以粗阳线纹饰，亦为青铜器风格。

此架已是清式之器，列此可说明明清家具之间的流变。

图574　清中期　黄花梨紫檀螭龙纹火盆架

长44厘米　宽43.5厘米　高18厘米

（选自《风华再现——明清家具展》）

5. 黄花梨六足三弯腿盆架

黄花梨六足三弯腿盆架（图575）为六方形，架长113厘米，比一个大方桌还要宽硕。其束腰和牙板均雕以子母螭龙纹。腿肩饰象头，足端为象鼻。

由于架面上没有铜支钉和没有支钉遗失后的痕迹，令人怀疑其不是火盆架，而是其他器架。因为火盆架须以铜支钉将铜盆与木器分开，以免长久使用时，烤焦木器。

图 575　清早期　黄花梨六足三弯腿盆架

长 113.1 厘米　宽 99 厘米　高 85 厘米

（选自叶承耀：《楮檀室梦旅：攻玉山房藏明式黄花梨家具 I 》）

三、衣架式

衣架作为卧室家具、婚嫁用器，多呈斑斓绚丽、炫亮奢华之态。在其工艺发展中，攒接、斗簇、雕刻三者长久合作，往往一器之上，三种工艺并存。

1. 黄花梨云龙螭龙纹衣架

黄花梨云龙螭龙纹衣架（图576）搭脑出头为云龙头纹，头部硕大，工笔重彩。中牌子上有左、中、右三组绦环板，分别雕有螭龙纹。足墩上有榫眼痕迹，原应有横枨支撑。站牙上透雕变异螭龙纹，两处有回字纹，表明其年份较晚。

云龙纹或云龙头纹是明式家具末期出现的纹饰，在使用中，代替了螭龙纹形象，但也常与螭龙纹一起使用。其寓意仍是苍龙教子，这类云龙纹和皇权象征的龙纹没有必然的关系。

图576　清早中期　黄花梨云龙螭龙纹衣架

长 191.5 厘米　宽 57 厘米　高 188 厘米

（故宫博物院藏）

图 577-1 黄花梨衣架
搭脑出头上的凤头纹

2. 黄花梨凤头纹衣架

黄花梨凤头纹衣架（图 577）搭脑出头雕回首凤头纹（图577-1），中牌子透雕变体螭尾纹，挂牙、角牙、站牙也透雕变体螭尾纹。多种变体纹饰已令人不识原型，但它们与凤头纹对应，都应隐喻着螭凤纹，其变异的程度可见年代偏晚。

图 577 清中期 黄花梨凤头纹衣架
长 208 厘米 宽 49 厘米 高 188 厘米
（苏富比纽约拍卖有限公司，1994 年 11 月）

3. 黄花梨灵芝纹衣架

黄花梨灵芝纹衣架（图578）搭脑出头为变异的灵芝纹（图578-1），中牌子攒冰裂纹。挂牙、站牙上透雕变异的螭龙纹，成线状。搭脑、中牌子、横枨下，两端各置圆杆形角牙，这尤其表明此架年代偏晚。

在任何器物上，这种圆杆形角牙都是一种迟来的装饰，包括以下的几例衣架。

图 578　清早中期　黄花梨灵芝纹衣架
长 165 厘米　宽 46 厘米　高 183 厘米
（原美国加州中国古典家具馆藏）

図 579-1 黄花梨衣架搭脑
出头上的变异灵芝纹

4. 黄花梨灵芝纹衣架

黄花梨灵芝纹衣架（图 579）搭脑出头，为多组变异灵芝纹组合（图 579-1）。双柱上端左右有圆杆状角牙，此种纹饰在明式家具的年代序列中极晚。中牌子上，攒接由来已久的风车纹。其下置牙板，两端雕变体灵芝纹。立柱下部有双层横枨，中间分别攒成左、中、右三框。其中，装板上挖海棠形鱼洞门，其下又置直牙板和回勾形牙头。

此衣架上有多个符号为改良形态，昭示其年份较晚。

图 579　清中期　黄花梨灵芝纹衣架

长 141.5 厘米　宽 33.5 厘米　高 162 厘米
（选自叶承耀：《楮檀室梦旅：攻玉山房藏明式黄花梨家具 I 》，香港中文大学古物馆）

· 705 ·

5. 黄花梨鞋插衣架

黄花梨鞋插衣架（图580）搭脑整体为一木做，两端出头处微微向上弯转，而出头的大部分保持与搭脑平行。它未见雕饰，却有变化。实际上，这是罗锅枨的反向使用，也是年代偏晚的表现。

中横枨两端下部设圆杆式角牙，更是年代的标志。

这件器物社会评价自然很高，但笔者依然认为，它是明式家具发展第三条轨迹上的作品。

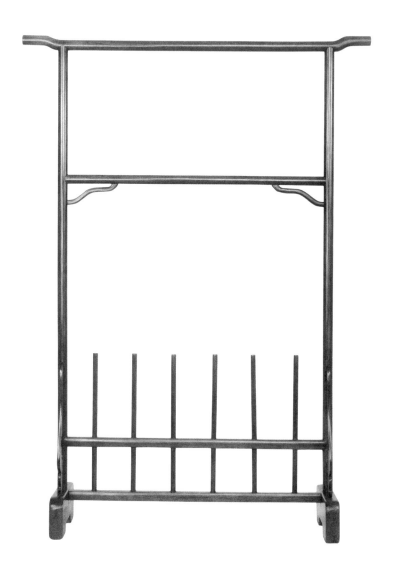

图 580　清早中期　黄花梨鞋插衣架

长 121 厘米　宽 36 厘米　高 168 厘米

（埃斯肯纳茨旧藏）

图 580-1　黄花梨衣架侧面

从其侧面（图 580-1）看，站牙形态也是偏晚的线条风格。其腿间置六个竖向鞋插，这种衣架形态在明万历年刻本《仙媛纪事》插图（图 581）上已见。旧图新物两相对照，给以巨大的思考空间。

这是一个年代极晚的作品，其圆杆式角牙交待了它的年纪。此架的年代是清早期至清中期之际。此时，家具之上装饰大潮风起云涌，竟然有此等造物。它是一个打破趋时风尚的杰作，是加大观赏面法则的逆子。

本例超级光素的形态自然让我们想到明式家具的早期器物特点，线条简洁流畅，风格为肃静、淳纯、空灵、清新、自然，明快。

一切从简，这种创作无论是出于主观的创造，还是客观上的因循旧例。它都令今人有耳目一新之感。唯其如此，在今天，它获得至高的荣耀。

以简约主义评价，它是极简主义的典范之作，令人喟叹。在传统文化价值观中，有"清水出芙蓉，天然去雕饰""一语天然万古新，豪华落尽见真淳"等诗句，都表达了对简洁清新风格的赞美，可以作为一种价值系统。但是，以家具发展史观考察，或对比明万历《仙媛纪事》插图上的衣架，它属于消极的、稳定型的，甚至是返祖的家具，它是明式家具发展第三轨迹上的作品。不同的史学标准、美学标准会给予不同的评价结论。明式家具之美的再发现得于现代简约主义，但随着研究的纵深，会发现明式家具内涵的光谱之宽，简约者也有百般形态和不同的评价。

图 581　明万历《仙媛纪事》插图中的衣架

大量的宋辽墓葬中出土有衣（巾）架资料，以此为开端，可以做一个衣架的考古之旅。

在宋辽时期，山西省大同市辽代阎德源墓葬壁画、江苏省淮安市 1 号宋代墓葬壁画上都有衣架，搭脑两端都有如意纹。洛阳市邙山宋墓、安阳市小南海宋墓中出头的衣架，搭脑两端均见如意纹。

在北宋末年的白沙宋墓壁画中，侍女手持的花叶纹镜台，男仆女婢身后搭脑两端饰花的衣架、巾架，纹饰俏丽花巧，超越两宋考古出土的其他门类的家具。

白沙宋墓装饰富丽，壁画表现之生活"必然与墓主人社会身份相称"，"因之，使我们有理由推测：此三墓之赵家，不仅为一有土地之地主，并有可能兼营商业。"[1]

山东省邹县九龙山明代鲁王朱檀墓是明代考古的巨大收获。朱檀是明太祖朱元璋的第十子，洪武三年（1370 年）生，同年受封为鲁王，卒于洪武二十二年（1389 年）。其王陵中，随葬品"鲁王三宝"大印的宝匣，400 多件木雕彩绘俑马，有数百件铜、锡、木、竹等制品，其中织金缎龙袍、双层透雕玉带、宋天风海涛琴、葵花蛱蝶画等均是罕见的文物珍品。王者之葬，豪甲一方，不言而喻。其墓葬中随葬家具，实用器和冥器均为柴木，光素者众多，但衣架、巾架搭脑有雕饰，雕抱球纹站牙。墓中雕饰家具还有红漆石面桌和屏风，红漆桌前后透雕花牙板，罗锅枨左右端雕繁复纹饰。[2]

其他明代的各个墓葬中，出土器物略有雕饰者以衣架居多，基本是搭脑两端雕灵芝纹或花草纹。如上海成化李姓墓、上海万历潘姓墓、上海万历严姓墓、苏州万历王姓墓。

这些考古资料说明，明早期之王侯，明晚期之辅宰，其墓中家具实物，未见硬木家具，均为漆木、柴木作品。在这个漆木、柴木家具系统中，有"雕饰"之器，又基本是在衣架、洗脸盆架的搭脑上。

古人事死如事生，贵为宗亲王侯、内阁首辅者、世家子，其卧室家具置于墓室，可见这些家具对死者的重要性。

1　宿白：《白沙宋墓》页 104，文物出版社，1957 年。

2　山东省博物馆：《发掘朱檀墓纪实》，《文物》1972 年 5 期。

潘允徵，明代嘉靖、万历年间人，官从八品。潘氏出于名门望族，其堂兄弟潘允瑞建造了上海著名的豫园，可见潘家富庶的财力。在其众多的冥器家具中，拔步床、衣架、巾架、盆架、火盆架、衣箱等卧室家具占总数的一半以上，均光素。

王锡爵，万历年间任文渊阁大学士、武英殿、建极殿大学士，任首辅大臣五年有余。卒后，赐葬，敕建专祠。墓葬规格当然不可小觑。其随葬冥器家具有拔步床、衣架、盆架、短案、椅等，偏重于卧室家具。其墓出土的衣架和洗脸盆架的搭脑两端雕有灵芝纹。

明代万历（崇祯）《鲁班经匠家镜》中所述 52 件家具，只有属于卧室家具的"雕花面盆架"和"衣架雕花式"，有"雕花"文字，恰与王锡爵墓出土器物相合。[1]明晚期的柴木家具上，仅脸盆架、衣架等架类的搭脑出头上有雕饰，也可见明万历时期，柴木家具上已雕有灵芝纹。但这不能构成与硬木家具上的灵芝纹的年代比较，黄花梨家具上出现灵芝纹恰恰在清早期以后。

由以上所述可见，历朝历代，卧室家具，尤其是衣架、巾架都具有各时期最为新锐的雕饰，它们带动了所有家具的缤纷华美进程，是时尚的引导者，是引来装饰百卉千葩的报春花。

1　王世襄：《鲁班经匠家镜·家具条款初释》，《故宫博物院院刊》1980 年第 3 期及1981 年第 1 期。

四、洗脸盆架式

1. 黄花梨螭龙纹洗脸盆架

黄花梨螭龙纹洗脸盆架（图582）搭脑出头雕云龙头纹（图582-1）。中牌子上透雕螭龙体寿字纹（图582-2），寿字左右两旁拱围大小螭龙组成的子母螭龙纹。挂牙为螭龙纹。整体用料粗大，雕饰纷繁，秾丽煊赫的效果令人难忘。云龙头纹及其他纹饰形态都显示了此架的年代含义，为清早中期之作。

图582　清早中期　黄花梨螭龙纹洗脸盆架
长 56.6 厘米　高 170 厘米
（选自莎拉·韩蕙：《中国家具：古董收藏指南》）

图582-1　黄花梨脸盆架搭脑出头上的云龙头纹

图582-2　黄花梨脸盆架中牌子上的螭龙体寿字纹

2. 黄花梨螭凤头纹洗脸盆架

黄花梨螭凤头纹洗脸盆架（图 583）搭脑出头雕螭凤头纹，回首相望。挂牙为凤尾纹（图583-1），如翎毛如卷草，中含双牙形纹饰。

中牌子圈口牙板上，透雕拐子式螭凤纹，拐子纹形态表现出年代特征。

其全身上下雕刻螭凤纹，这种女性符号再次表明此类家具的嫁妆功用。

图 583-1 黄花梨洗脸盆架挂牙上的凤尾纹

图 583 清早中期 黄花梨螭凤头纹洗脸盆架

高 183 厘米

（美国加州中国古典家具博物馆：《中国古典家具学会季刊》，1991 年）

3. 黄花梨灵芝纹洗脸盆架

黄花梨灵芝纹洗脸盆架（图584）突出的特点是搭脑出头为重叠的灵芝纹（图584-1），搭脑下中间为圆杆式角牙。

中牌子中攒四合云纹，其外层置角牙。挂牙为螭尾纹变体，形态曲折纤弱。脸盆下部亦有圆杆式角牙。此器有多处圆杆式角牙。尽管各构件不是重工繁饰，但其纹饰均为明式家具末期之作，甚至年代更晚。

可见在较晚的年代仍然还使用斗簇之法。这是明代家具发展的第二条轨迹上的产物，亦是后明式家具时代的器物。

图 584-1　黄花梨衣架搭脑出头上的灵芝纹

图 584　清中期　黄花梨灵芝纹洗脸盆架（摹本）

长 58.5 厘米　宽 58.5 厘米　高 168 厘米

（见王世襄：《明式家具珍赏》，文物出版社）

图 585-1 黄花梨矮洗脸盆架上的蹲式狮子纹

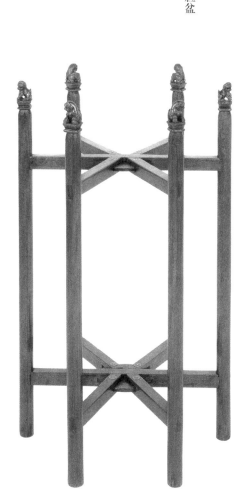

图 585 清早中期 黄花梨狮子纹矮洗脸盆架
长 42.5 厘米 宽 38.1 厘米 高 70.6 厘米
（选自侣明室：《永恒的明式家具》，紫禁城出版社）

4.黄花梨狮子纹矮洗脸盆架

黄花梨狮子纹矮洗脸盆架（图 585）六条腿上端各雕蹲式狮子纹（图 585-1）。这是清早中期乃至以后出现在黄花梨家具上的新纹饰，以往的器物上不曾使用。

蹲式狮子形象在唐代已定型下来，见于石雕上，以后一直使用。黄花梨家具在明式家具末期方吸收此纹。笔者认为，以具有某种纹饰的其他工艺品为有同样纹饰的明式家具断代是不可行的。如以唐代蹲式石狮子纹推断黄花梨狮子纹家具的年代，自然是不通的。所以，研究某一个明式家具纹饰的年代，是要观察它在何时吸收了其他工艺品上早已存在的这种图案，而不能简单地由其他工艺品图案的年代推断黄花梨家具年代。

这个原则也就否定了不同工艺品之间年代上横向类比的方法。这个原则也表明柴木家具与硬木家具间不可以简单地进行横向年代类比。如不可以见到明万历出土的家具上和明万历图书插图上有灵芝纹，就认为有灵芝纹的黄花梨家具就是明万历年的。

第十一章 箱类

此类主要着眼于官皮箱、提盒和多抽屉箱（药箱）。

一、官皮箱式

官皮箱有平顶、盝顶两种。由于它在当时是使用量较大的常规日用品种，与提盒一样，大多数制品为光素式。尽管如此，其各自细部的小符号往往还有时代的烙印。实例如下：

1.黄花梨官皮箱

黄花梨官皮箱（图586）为平顶式，周身光素，合页方正，面叶为四合云纹的变异式，可见年代稍晚。

官皮箱打开的程序是先打开箱盖，再开双门。打开箱盖后，可见上层为平屉，下部柜门内有一大四小的抽屉（图586-1）。

上层平屉可以放置镜架和铜镜等物。镜架可支起可放下。镜架多为活拿，一般的实物已遗失。

图 586-1 黄花梨官皮箱柜门内的抽屉

图 586 清早期 黄花梨官皮箱
长 37 厘米 宽 26.5 厘米 高 38 厘米
（故宫博物院藏）

2. 黄花梨"喜鹊登梅"纹官皮箱

黄花梨"喜鹊登梅"纹官皮箱（图587）突出的特点为双门透雕喜鹊登梅纹，透雕工艺在官皮箱上极少见。双门上图案布局饱满，梅花丛中，喜鹊一起一落，花朵、树叶正侧交错，充满动感。

大多数官皮箱上屉的镜架现已遗失，此箱的镜架（图587-1）尚在，原件完好如初，直观表明了官皮箱作为梳妆用具的功用，毋庸置疑。

镜架托板四边攒为方框，内有八个小框，中间方格里置四合如意纹角牙，其下为元宝形铜镜托子。箱底座面板上雕拐子纹，表明其年代。

图 587-1　黄花梨官皮箱支起的镜架

图 587　清早中期　黄花梨「喜鹊登梅」纹官皮箱

（广东伍氏兴隆艺术馆藏）

长 31 厘米　宽 27 厘米　高 30 厘米

3.黄花梨云龙纹官皮箱

黄花梨云龙螭龙纹官皮箱(图588、图588-1)极为特殊,有论者在论述这件官皮箱时说:
"北京故宫博物院藏有'大明万历乙未年制'款(1595年)剔红双龙纹方盘,与此箱对比,
龙头的造型、双角、发鬃、身躯、鳞片的处理,龙爪攫捉之势,龙睛努出之状,尾鳍如掌之形,
无不相似。据此,不仅可断定官皮箱亦为明代宫廷用具,且知其当为万历时物。"看得出论
者对待这件器物论证结论坚定。但是这种"万历时物"的结论及论证方式,都存有可商榷之处。
下面可以从几个方面进行分析。

明万历时期螭龙纹的基本特征:整体为趴式,面部为正面或侧正面,显示双眼,嘴闭合,
身躯脊线明显,四肢有力,肩胛处有肌肉感,尾端分叉卷曲相背。

而此官皮箱上的螭龙纹与以上述万历时期螭龙纹的特点相去甚远:箱门四角上四条螭
龙(图588-2)的前爪已经退化,后足全无,形态为较晚的尾巴过头"团龙式"。箱底座立
面上的螭龙纹(图588-3)向蛇体形态进一步发展,螭龙龙首斜侧程度更接近全侧面,这
不同于正面双眼的"万历螭龙"。

壶门式底座上分心花上雕灵芝纹(图588-4),分心花退入牙板里面,少见。壶门式曲
线的两侧雕有草叶纹样,也退入牙板里面,这也是少见的。这些特征在有偏早年代的器物
上未曾见过,可以认为是变异演化之物。实际上,明万历时期的剔漆海棠形开光外一般是

图 588 清早期 黄花梨云龙螭龙纹官皮箱

长七〇厘米 宽 28.5 厘米 高 35 厘米

(原美国加州中国古典家具博物馆藏)

饰以花卉纹，正方形开光外一般饰以云龙纹，而从未见过此类海棠形开光外四角布满团龙式螭龙纹的构图。

明式家具上大面积、多数量的螭龙纹代表另一路匠作的制作，明式家具与基本没有螭龙纹的剔红器进行各方面的比较，往往是圆凿方枘。

葵花形面叶（图588-5）、合页华美度极高，吊牌、拉手玲珑剔透。尤其是官皮箱面叶上的錾花缠枝莲纹为清早中期的铜饰风格。

总之，此箱是一个年代特征非典型的器物。一是升云龙纹似为晚明风格；二是螭龙纹与万历螭龙纹形态相去甚远，为清早期式样；三是壶门式底座立面上开心花上的如意云纹和铜饰上缠枝莲纹均为清早中期的纹饰。

如果只着眼于剔红器盘上的云龙纹和此官皮箱上的云龙纹便作结论，官皮箱上其余的分心花、螭龙纹、缠枝莲纹以及它们的构图形态均予以忽略，不作解读，那么其研究结论难免会片面。况且剔红器上的云龙纹和官皮箱上云龙纹也未必完全一样。

一件器物年代早晚的认定，当然以其身上偏晚的符号为认定依据。此官皮箱上云龙纹图案固然有明代风格，但它若与较晚的符号同在，而且较晚的符号数量还较多，那么，器物的断代肯定以数量较多、较晚的符号为标准，即以年代下限者为标准。

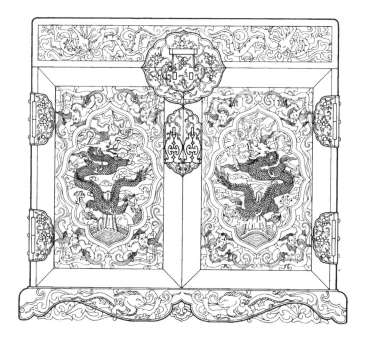

图588-1　黄花梨云龙螭龙纹官皮箱（摹本）
（选自美国加州中国古典家具学会：《中国家具文章选辑1984-2003》）

图 588-2 黄花梨官皮箱箱门四角上的螭龙纹

图 588-3 黄花梨官皮箱底座立面上的螭龙纹

图 588-4 黄花梨官皮箱箱底座分心花上的灵芝纹

图 588-5 黄花梨官皮箱上的葵花形面叶

如此，无论从整体纹饰风格看，还是更严格地以学理规范而论，本箱年代应为清早中期。

明式家具和所有的工艺品乃至文化艺术品一样，重要的作品都会在本文化类型的发展轨迹中显现自己的年代位置，前有来龙，后有去脉。如果把这件官皮箱认定在明代万历年间，那么其纹饰图案特别突兀，其前其后都是断层。明万历为明式家具的早期，如果说明代家具早期纹饰图案布局和雕刻水平如此之高，登峰造极，那么在其后的明式家具中期、晚期、末期的雕刻是如何发展的呢？它若是明万历之器，那么，明式家具到明崇祯、清顺治、康熙时期的雕刻艺术就是倒退的。如此明式家具的整个发展进程都是逆行的，清早期与清中期纹饰发展，也难以相衔接，情理上不通，而于类型学原理也难以过关。

这件官皮箱之奇异还表现在它为多重孤例。

1. 明式家具中，五爪升龙纹饰图案官皮箱只此一例。

2. 此等云龙纹、螭龙纹、如意纹、缠枝莲纹组合的官皮箱，在黄花梨家具中也仅见一例。

3. 箱底座立面的分心花纹及其两侧的雕饰草叶图案自成一家。

4. 如此精美的缠枝莲纹铜饰在明式家具中从未见相同者。

明式家具的发展呈现这样的规律性现象：其造型和纹饰图案越早，与其他同类家具的同质化越强。随着发展变化，器物个性化差异越来越多。一般而言，越是自成一家面目者，年代越晚。

严格地说，不同类别的工艺品可以互作文化上的参证，但绝不可以互相作为年代鉴定上的标尺。尤其是在制作地点不同、匠作体系各有自家法门时。但这一规则应排除一种情况，即清中期后，宫廷造办处统一领导的各类"作"的制作已非常发达，此时此地可能不同门类工艺品会存在密切的借鉴关系。

明清时期，百业各成一体，相对封闭独立，而且各行业有各自发展运行的轨迹和匠作规则。各种工艺品材质不同、加工手段相异、生产地点天各一方，其纹饰图案就是互有借鉴，也难以同步而行。

明式家具上纹饰图案原型大多早已存在于历朝各个工艺品上。螭龙纹广泛流行于汉代玉器上；蹲式石雕狮子在唐代已定型；缠枝莲纹在唐代金银器上多见；凤纹、牡丹纹、麒麟纹在宋瓷上广泛使用；鸳鸯纹在辽金时期起码已经存在；石榴纹在宋元时期流行；岁寒三友纹在元青花瓷器现身；鸾凤纹在元代铜器上可见。如果简单生硬地将它们横向拿来为家具年代做证，结果可想而知，明式家具年代一下会跃进千百年。只不过是明式家具图案的横向研究者，只在明代到清中期区间寻找史料，不会选择唐、宋、元各朝的图像。选择性使用资料不容易漏出太明显的破绽，但实际错误方法是一样的。

各种纹饰图案被明式家具吸纳使用是明式家具在自身发展特定境遇下的特定时间发生的，不会人家剔器、玉器、瓷器、铜器、建筑构件上一出现什么纹饰图案，家具就去马上跟进。在包括家具在内的各类古典工艺品中，谁也不会亦步亦趋地跟风克隆他人纹饰。

了解各种纹饰在其他工艺品上何年出现，可以知道此类纹饰图案最早出现的时间。在本类器物上，上限可能会到某个时段，但这仅是一种可能。若把这种可能当做那个时间就一定已经出现，结论往往出错。

横向比较法的错误不但仅限于明式家具，而且对其他工艺品也是一样的。在拍卖图录上，有时也偶然会看到这种情景，以彼类器物为此类器物作为年代判定，依据是两者有貌似相同的图案。

二、提盒式

提盒又称"提梁盒"。宋代、明代漆作提盒，两层、三层、四层者分别以两撞、三撞、四撞相称，明式家具提盒也继承了这个叫法。

1. 黄花梨宝瓶式站牙提盒

黄花梨宝瓶式站牙提盒（图 589）周身光素，盒体为两撞，方肩宝瓶形站牙，边饰宽皮条线。

提盒为案上小盒，属妆奁用具。明崇祯聚锦堂刻本《金瓶梅词话》版画插图中的提盒（见图 397）、明崇祯聚锦堂刻本《西湖二集》版画插图（见图 442）上的提盒，均与铜镜和镜架相组合，表明提盒为梳妆台上之物。清《乾隆帝妃古装像》中，画的主人为乾隆妃子，正在对镜梳妆，镜子旁为提盒（图 590），表明其为梳妆盒。

明代刻本版画插图中有杠箱形象，一些明式家具著录在引用时解读为提盒。扛箱体量远大于提盒，两者不可混为一谈。

图 589　明末清初　黄花梨宝瓶式站牙提盒

长 七〇厘米　宽 23.5 厘米　高 25.5 厘米

（选自罗伯特·雅各布逊、尼古拉斯·格林利：《明尼阿波利斯艺术馆藏中国古典家具》）

图 590　清乾隆　《乾隆帝妃古装像》中的提盒

（故宫博物院藏）

图 591 清早期 黄花梨螭龙纹提盒

长 37 厘米 宽 21 厘米 高 38 厘米

（中国嘉德国际拍卖有限公司，2011 年秋季）

2. 黄花梨螭龙纹提盒

黄花梨螭龙纹提盒（图 591）为四撞盒身。一般而言，四撞提盒年份偏晚。而两撞提盒有的年代早，也有的年代晚。其站牙上的螭龙纹抽象，其上阴刻线雕，偏晚的年代标志十分明显。

3. 黄花梨双卷相抵纹提盒

黄花梨双卷相抵纹提盒（图 592）为三撞盒身，站牙已演变成为变体双卷相抵纹，材形为圆棍状。这是双卷相抵纹漫长演变后的形态，故推论本提盒其年代晚至清早中期或更晚。

4. 黄花梨双牙纹提盒

黄花梨双牙纹提盒（图 593）为两撞式，盒口沿饰宽皮条线，站牙透雕双牙纹（图 593-1），其双牙对面已为平直状，是一般双牙纹的发展式，年代属双牙纹后期。

此类黄花梨双牙纹提盒实物存世颇丰，亦多见于紫檀制作，其纹当时必有明确的含义。

提盒多光素，形制变化小，但通过站牙可以发现其年代所属。站牙是使用类型学原理观察此家具年代的细部点、特征点。早期站牙为宝瓶形，晚期往往雕螭龙纹或螭凤纹，更晚期螭龙纹或螭凤纹或会被简化、或被繁化、或被变异，如双牙纹和变异双牙纹。

图 592　清早中期　黄花梨双卷相抵纹提盒

长 38.1 厘米　宽 21 厘米　高 26 厘米

（选自罗伯特·雅各布逊、尼古拉斯·格林利…《明尼阿波利斯艺术馆藏中国古典家具》）

图 593　清早中期　黄花梨双牙纹提盒

长 30.5 厘米　宽 20 厘米　高 23 厘米

（广东伍炳亮黄花梨艺术博物馆藏）

图 593-1　黄花梨提盒站牙上的双牙纹

5. 紫檀乌木螭龙螭凤纹提盒

紫檀乌木螭龙螭凤纹提盒（图594）为三撞式，盒体为紫檀，明榫头，提梁和站牙为乌木。盒口沿起细阳线。突出特点是站牙整体透雕，方材打洼。其下部为拐子式螭龙纹，上部为螭凤头纹（图594-1），为龙凤和鸣之意。整个形态已进入清中期，为清式家具范畴。

图594-1　紫檀乌木提盒
站牙上的螭龙螭凤纹

图594　清中期　紫檀乌木螭龙螭凤纹提盒
长 35 厘米　宽 19 厘米　高 22 厘米
（香港两依藏博物馆藏）

三、多抽屉箱（药箱）式

上开门者称为"箱"。"药箱"是外侧开门，应称"柜"。但它是板材相连结构，不同于以柜框为腿、中间装板的柜子。同时，约定俗成的叫法称之为箱。

1. 黄花梨多抽屉箱

黄花梨多抽屉箱（图595）板材为框，面打洼，上有提手，正面柜门以锁销开合，门内有多层抽屉（图595-1），共十方一圆，其圆筒形抽屉更可助观赏。十一个抽屉共八个尺寸，大小不一的变化，是便于分类使用，也是为了审美。

此类器物，在行业中惯称为"药箱"。概因其上有诸多的小抽屉，貌似中药房所见有一排排抽屉的药柜。

图 595　清早期　黄花梨多抽屉箱

长 44.5 厘米　宽 31.7 厘米　高 36.8 厘米

（选自安思远：《洪氏藏木器百图》）

图 595-1 黄花梨箱内的抽屉

　　实际上，此类箱子应细分为梳妆箱、一般收纳箱和药箱，依据如下：

　　1. 官皮箱为明确的梳妆箱，与本类箱子有共同的特征，都有大小不一抽屉，用以盛物，应是放女子梳妆工具和化妆品。不过，"药箱"抽屉更多些。明式家具中只有梳妆家具才会有那么多大小不一的抽屉。一些箱的抽屉后面还藏有小抽屉或其他小机关，为女子隐藏细软之处。

　　2. 此箱更不是郎中所用之物。明清绘画上，偶见双人担扛箱的图像，有论者认为这是担"药箱"，实际上，两者非为同类。这类"药箱"提手不甚牢固，不可以长途外出时提拉。其上抽屉数量很少，且深度极浅，不足放足够的药材备选。郎中出诊，是去看病人，只开方不卖药，这是惯例。未见病人便携黄花梨柜子去卖药，不合常理。同时黄花梨用品为贵重用具，不可能由游医阶层人士盛药而外行。

　　3. 根据行家的经验认定，大型箱子，尤其是中间一格空无抽屉的大型箱可用做药箱。无抽屉的空格为供奉药王像处。

2. 黄花梨多抽屉箱

黄花梨多抽屉箱（图 596）更近于"药箱"形态，但内有大小不一的八具抽屉（图 596-1），这也与官皮箱抽屉形态相近，高度与官皮箱相当，如果上置盖子，则为官皮箱，所以，这仍应是梳妆箱一类皮具。

图 596-1　黄花梨箱内的抽屉

图 596　清早期　黄花梨多抽屉箱

长 22.3 厘米　宽 34.5 厘米　高 33 厘米

（北京保利国际拍卖有限公司，2011 年春季）

3. 黄花梨多抽屉箱

　　黄花梨多抽屉箱（图597）四周为板材，一对框门为一木所开，符合传统匠作做法。箱内有九层二十二具抽屉（图597-1）。

　　在这种大型箱子的抽屉上，有行家见过贴有中药名纸签，可以肯定其为药箱。多个抽屉中间的一格中空，无抽屉，此为供放药王孙思邈像处。孙思邈为唐初的著名民间道医，被后世人供奉为药王。药箱中的药王像与中药一起，成为居家疗病去疾的精神与物质资源。

图 597-1　黄花梨多抽屉箱的箱内抽屉

图 597　清早期　黄花梨多抽屉箱
长 60.5 厘米　宽 40.2 厘米　高 68.2 厘米
（选自立顿、轩尼诗：《中国家具新观点》）

图 598-1 黄花梨抽屉箱内的抽屉

4. 黄花梨多抽屉箱

黄花梨多抽屉箱（图 598）形态与上例小型多抽屉箱（见图 597）一致，只是高达 80 多厘米，抽屉更多，分层更多，共 9 层 28 具（图 598-1）。抽屉大小尺寸的分别更大。

它体量更大，抽屉更多，更讲究。如果不仅仅囿于梳妆台之说，它就是一个大型的收纳箱，是通用型的。

尽管此种箱子以多排抽屉者为多，但在其他遗物中，实有多种多样的内部构件。如有门内上部空间以隔板一分为二，下部置并排一对抽屉的。还有在上部置一对抽屉者，下仅有一隔板；或上部和下部各有一对抽屉，中间置一隔板。

图 598　清早期　黄花梨多抽屉箱
长 79 厘米　宽 39 厘米　高 83 厘米
（选自立顿、轩尼诗：《中国家具新观点》）

后记

　　2010 年后，空前的古家具回流和相关图书资料的进口，使国人可以看到的明式家具实物和资料空前之多，这是广泛、系统研究明式家具的最好时光。笔者的研究恰逢其时，真是一种幸运。本书和已经出版的《明式家具图案研究》开题于 2012 年 5 月，至今已逾 8 年。8 年成书，好像漫长而低效，但此书中，自有一种价值的期许。所以，在文稿交付出版社之前，笔者常常是为一日时光之荒废而追悔。

　　7 年的经历是一个笨人之路。首先要仔细观察一件件家具实物或图片，并用文字摹写出来。这是所有论证的基本规定动作，其他的架构和娓娓道来都离不开一物一器的打量、思索和解读。每一件家具都是一颗珠子，但也仅是一个碎珠。只有进一步通过规律性的串连和梳理，才可能让它们成线、成片，成为结构体，呈现明式家具的全景之美和奥秘之深。

　　明式家具的图案貌似一地碎片，繁复多样，但在历史学和社会学的综观中，可知它们是一个封闭系统，一个生活逻辑可以串连起来它们。而明式家具器型则不同，表面观之，它多有程式之谱。实际上，它更开放灵活，多向发展，对笔者来讲，器型研究比图案研究具有更大的挑战。

　　此书按照考古学原理，将明式家具型制进行了分类、分式、分型，并试图在最小的类别下，观察各式样家具的特征和演变。其间概要性地提出了明式家具观赏面不断加大法则、明式家具发展的三个轨迹，并探索确定了各个家具的年代。

　　考古学有句名言，叫作"见物更要见人"，就是说发掘到实物后，要通过实物研究当时的社会和文化。在家具器型研究中，笔者也尽量做到这一点，谈家具时，也尽量论及当时的人与文化。在梳理家具本体的流变和发展之外，争取使人感到当时的生活，看到人性。用历史学成果说明家具，反过来，也争取以家具实物充实历史史料的维度、真切质感和生活感。

　　笔者曾撰文，最早系统地提出了明式家具生产的重镇是苏作和闽作两大地区。此书在梳理中，也注意着两者的区别。但本书重点论述的是明式家具的分式分型。苏作和苏闽两地家具具体形态的探讨仅点到为止，系统的研究成果有待来日。

　　明式家具的审美是一门独立的体系，不同于其他门类，其他学科的金玉良言不可以简单套用。所以在此书器型之论中，包含了独立的家具本体之审美观，争取对明式家具自身审美作一些独自而系列的陈述，建立具体的、言之有物的审美评价。

在这几年中，笔者走访请教了全国各地的十余位资深行家。明式家具学科实战性极强，离开了亲历者的指点，各类方法论是否使用得当会缺乏校正。

笔者希望本书和已出版的《明式家具图案研究》能够成为解读明式家具世界的车之两轮、鸟之两翼。

最后，真诚地感谢一路嘉惠这项工作的各方面人士，敬列各位大名如下：

王亚民先生、徐小燕女士、姜润青女士、冯耀辉先生、伍炳亮先生、杨波先生、刘传芝先生、吴宝庆先生、周柏年先生、汪笃诚先生、李移舟先生、乔皓先生、薛世清先生、郑阳女士、黄定中先生、赵一红女士、樊玮女士、陆林先生、王就稳先生、刘继森先生、陈雪峰先生、张其先生、王正书先生、倪志云先生、刘珈夷女士、张子秋女士。

片纸寸心，聊表谢忱。

本书还引用了一些书籍中的图片，均尊重地注明了出处。鄙人对原作者不胜感激。

马书先生、张胜欢先生、田燕波先生热情提供了各类家具线图，在此叩谢。

张辉

2019 年 10 月

图书在版编目（CIP）数据

明式家具器型研究：上、下册 / 张辉著 . -- 北京：
故宫出版社 , 2020.12
ISBN 978-7-5134-1288-9

Ⅰ . ①明… Ⅱ . ①张… Ⅲ . ①家具—造型—研究—中
国—明代 Ⅳ . ① TS664.01

中国版本图书馆 CIP 数据核字 (2020) 第 022145 号

明式家具器型研究

作　　者：张　辉

出 版 人：王亚民
责任编辑：徐小燕　姜润青
装帧设计：王　梓　李秀梅
责任印制：常晓辉　顾从辉
出版发行：故宫出版社
　　　　　　地址：北京东城区景山前街4号　邮编：100009
　　　　　　电话：010-85007800　010-85007817
　　　　　　邮箱：ggcb@culturefc.cn
制　　版：北京印艺启航文化发展有限公司
印　　刷：北京启航东方印刷有限公司
开　　本：787毫米×1092毫米　1/16
印　　张：45.75
印　　数：1—2000册
版　　次：2020年12月第1版
　　　　　　2020年12月第1次印刷
书　　号：ISBN 978-7-5134-1288-9
定　　价：396.00元（全二册）